"稻改旱"政策
节水效果及影响研究
——以密云水库流域为例

王凤婷　吴伟光　编著

中国农业出版社

北　京

图书在版编目（CIP）数据

"稻改旱"政策节水效果及影响研究：以密云水库
流域为例 / 王凤婷，吴伟光编著. —北京：中国农业
出版社，2022.6
　　ISBN 978-7-109-29598-8

　　Ⅰ.①稻…　Ⅱ.①王…②吴…　Ⅲ.①旱作农业－节
约用水－研究－密云县　Ⅳ.①S343.1

中国版本图书馆 CIP 数据核字（2022）第 116573 号

中国农业出版社出版

地址：北京市朝阳区麦子店街 18 号楼
邮编：100125
责任编辑：王秀田　　文字编辑：张楚翘
版式设计：王　晨　　责任校对：周丽芳
印刷：北京中兴印刷有限公司
版次：2022 年 6 月第 1 版
印次：2022 年 6 月北京第 1 次印刷
发行：新华书店北京发行所
开本：700mm×1000mm　1/16
印张：11
字数：220 千字
定价：68.00 元

前 言 //////////
FOREWORD

　　水资源在不同区域之间实现优化配置是社会经济生态环境可持续发展的重要条件。近年来，我国水资源分配不均问题日益严峻，农业部门和非农部门之间用水竞争加剧，在一定程度上制约了社会经济持续稳定发展。"稻改旱"政策通过促进农业节水而成为部门间水资源重新配置的工具，2006年开始我国在水资源极度稀缺的华北平原试点了"稻改旱"政策，时至今日政策绩效已基本释放。值得思考的是，"稻改旱"政策实施后节水效果到底如何？节水效果如何动态演变？政策的实施是否改善了参与主体的经济收入，政策是否可持续推进？这些问题的深入探究对"稻改旱"政策继续实施以及农业经济稳定发展具有重要意义。

　　有鉴于此，本书以密云水库流域上游的"稻改旱"政策为背景，基于要素替代理论、农户行为理论和外部性理论等理论，构建"政策引入—政策成效及经济影响—政策可持续性评价及改进"分析框架，探究了"稻改旱"政策节水效果及其对农户收入影响。本文的研究内容主要包括以下四个部分：首先，基于微观调研数据，采用农作物用水量核算方法，从村域层面测算"稻改旱"政策节水效果，并分析政策节水效果动态变化及原因。其次，运用多元线性回归模型研究"稻改旱"政策对农户低耗水型作物种植结构影响，利用二元选择Logit模型分析"稻改旱"政策对灌溉节水技术采用的影响，从农户层面探究"稻改旱"政策对农户节水行为影响，厘清政策节水效果微观机理。再次，在定性分析政策实施前后农户生产行为、农户收入变化的基础上，借助倾向匹配倍差（PSM－DID）模型评估"稻改旱"政策对农户收入的影响。最后，从政策成本有效性、政策对农户收入影响以及政策的局限性三方面对政策可持续性做出评价，揭示政策推进的延续性，以期为"稻改旱"政策可持续实施提供改进措施。本书详细研究结果如下：

村域层面的政策节水效果分析表明，样本区域水田改为旱作政策执行度较高，2017年"稻改旱"政策总节水量核算结果约为2 467.20万立方米，节水效果较为良好。但是，从政策节水量动态变化来看，政策实施过程中节水量呈下降趋势，"稻改旱"政策实施中后期节水效果降低的主要原因在于政策实施中对地下水管理重视程度不够，使得政策实施后替代性用水增加。

农户层面的政策节水效果分析表明，"稻改旱"政策下农户作物种植品种更加多样化，但以玉米为代表的传统旱作仍是主体，户均玉米种植面积比例超过90%。此外，"稻改旱"政策显著促进了低耗水型作物种植结构优化，参与政策的农户低耗水型作物种植比例比非政策农户提高了约52.6个百分点，家庭人均收入、人口规模、水利设施条件是农户种植结构优化的影响因素。另外，"稻改旱"政策实施后农户灌溉节水技术采用率增幅为64%，政策补偿额度对"稻改旱"农户节水技术采纳发挥了显著的激励作用，户主政治地位、地块产权、市场距离以及区域虚拟变量等也是影响农户灌溉节水技术采纳的因素。

"稻改旱"政策对农户的收入影响分析表明，政策对农户有增收效应，"稻改旱"政策使得人均家庭总收入增加了4 830元，政策对农户农业收入有负向影响，参与政策后"稻改旱"农户家庭农业收入平均降低了1 185元。同时，政策对农户家庭工资性收入和财产性收入发挥了正效应，两项收入分别增加了8 059元、7 686元。并且，"稻改旱"政策对农户家庭收入影响还存在异质效应，政策对农户家庭总收入的中等收入组影响更大，对农业收入的高收入组影响更大，对非农收入的中高收入组影响更大。政策经济影响演变规律呈现一定的经济红利效应，政策增收效应主要来自补偿效应、农业剩余劳动力有效转移和土地流转的增加。

从"稻改旱"政策的总体评价来看，政策的可持续性较为乐观。政策成本有效性较高，并且政策增收效应表明政策的经济可持续性也较好。然而，政策的局限性也较为突出，例如，相关的法律法规不健全、政策成效调控反馈机制和微观动力尚显不足，政策经济影响及其造血功能机制亟待形成，政策动态补偿调整机制不完善，政策风险防控措施不明确。未来加快相应的"稻改旱"政策针对性的法律法规制度建设，重视政策节水效果，保障劳动力有效转移、增加收入多元化，建立动态补偿调整机制，优化政策管理调控，是改善政策成效、促进经济发展以及推动"稻改旱"政策可持续推进的有效举措。

王凤婷

2021 年 10 月 1 日

目 录 ///////////

CONTENTS

第 1 章

绪　　论

1.1　研究背景与意义

1.1.1　研究背景

水资源短缺问题严峻,分配不均矛盾突出。水资源作为一种宝贵的自然资源,其短缺问题在全球范围内日益严峻(Liu,2021;Grafton et al.,2018)。水资源是人类赖以生存的基本条件,它是影响社会经济系统和生态系统稳定运行的润滑剂。在水资源总量有限的前提下,随着全球人口的快速增长,工业化进程的不断加快以及生态文明建设的深入推进,"社会—经济—生态"系统对水资源的需求不断增加,水资源消耗量逐年上升,导致全球水资源短缺危机加剧、水资源供需矛盾日益突出。联合国教科文组织统计数据表明,尽管全球水资源总储量丰富,但可供利用的淡水资源量仅占全球总储量的 0.26%(OECD,2017)。而且,仅有的水资源还在逐年减少,有研究表明近六十年来,全球水资源减少了 26%(Bilal and Baig,2018)。作为全球 13 个贫水国家之一,中国水资源状况愈加不容乐观(Turner,2003;王慧敏和佟金萍,2011;IPCC,2013)。2018 年中国人均水资源占有量为 2 058 立方米,不足世界平均水平的 1/4(Qin et al.,2019)。值得关注的是,中国水资源短缺问题存在较大的区域差异,其中,华北平原是中国水资源短缺问题最严重的区域(Dalin et al.,2015)。华北平原地处干旱半干旱区,水资源总量仅占全国的2%,却承载着 8%的人口和 11%的经济总量。该地区不仅是我国重要粮食产区,也是水资源供需矛盾、产业用水竞争矛盾最突出的地区(杨宇等,2016)。

传统农业部门耗水总量大,农业节水潜力较大。长期以来,农业是我国社会经济系统中的用水大户,1980—2018 年农业用水量占全国用水总量的年平均比重约为 65%(中华人民共和国水利部,2019)。虽然农业部门的用水基数较大,但是其节水潜力也较大。农业部门的节水潜力受节水技术、用水效率、作物类型、灌溉政策等影响较大。从农作物类型来看,水稻、蔬菜、小麦三种农作物是主要的高耗水作物，其中，水稻耗水量最大。我国是世界上水稻种植面积最大的国家，2018年水稻播种面积占全世界水稻播种总面积的22.7%。2018年水稻播种面积约占我国农作物总播种面积的28%，但其用水量占农业用水总量比重约为65%（国家统计局，2018）。尤其是在我国北方干旱半干旱地区的"稻区"，水资源供需矛盾十分突出。在该地区改变高耗水作物种植结构和规模会显著提升农业节水潜力，缓解水资源供需矛盾。此外，节水技术对农业部门节水潜力的提升也十分显著。数据显示，改善节水灌溉技术情况下，我国农业水资源将节省20%～40%，每年可节水720亿立方米至1 440亿立方米（刘亚克等，2011）。另外，依靠用水效率的提高提升节水量仍是通行做法，相对世界上发达国家，我国当前农业水资源利用效率仍然较低，世界发达国家的利用效率约为70%～80%，而我国农业灌溉用水的利用效率仅为40%～50%（Tilmant et al.，2009；佟金萍等，2014）。

农业和非农部门用水竞争加剧，水资源跨部门重新配置亟待优化。社会经济生态系统中不同部门之间的用水竞争不断加剧，同时，流域上下游之间的用水竞争矛盾也日益严峻。从部门之间的用水竞争来看，整个系统中农业部门与非农业部门之间用水竞争最为激烈。近年来在国家宏观调控下农业用水总量有所下降，但是农业部门用水基数仍然较大，与此同时，非农行业生产不断扩大，相应的该行业对水资源需求量日益增加，2000—2018年全国非农用水量增加了600亿立方米，占总用水增量的85%以上（秦欢欢等，2019）。全球许多地方决策者或水资源管理者常常面临这样的困境，在相对有限的水资源总量中，给农业提供更充足的灌溉用水还是满足日益增长的非农产业用水需求（Claudia，2007；Grafton et al.，2013）。在资源配置的困境中大多时候经济效益贡献比较大的一方往往更容易占据更有优势的位置，相对于农业部门对经济的贡献，非农部门对经济的贡献持续增加，2000—2018年，非农行业产值比重由75.2%增加到92.8%。因而，农业部门与非农部门用水竞争中，农业部门用水份额不断遭受挤压。统计数据表明，1997—2018，我国农业用水被挤占量由最初的154亿立方米[①]增加到392亿立方米，农业用水挤占量增长了154.5%。这对农业生产和粮食安全带来了一定的威胁，并且，产业部门之间的用水失衡不利于国家或地区产业结构的优化，给社会—经济—生态系统的可持续发展带来不确定性（WWAP，2012；程国栋和李新，2015）。水资源在空间上流动是一种常见的自然现象，尤其以河流的上下游之间最为明显。然而，常常由于上下游之间用水需求的差异性，使得流域上下游用水竞争矛盾也

---

① 由于1997年农业用水量为历史以来的峰值，因此，农业用水总量挤占核算中以1997年农业用水量为基准。

日益严峻 (Trisurat et al.，2018)。为了应对单一的水资源短缺危机，水资源管理者采用的传统的重新配置方案大多以增加取水量或开发新水源为主要手段 (Keith，2014)。然而，当部门之间用水竞争与水资源短缺、流域上下游之间用水竞争矛盾在时间和空间上交织，将使得水资源部门之间的重新分配问题异常复杂，这也成为全球水资源管理者一直以来广泛关注的焦点和难点 (尹云松等，2004)。随着社会对生态环境问题重视程度的提高，增加取水量或开发新水源来解决水资源短缺的呼声高涨。因此，促进有限的水资源在部门之间、流域上下游之间最优分配的政策工具亟待建立。考虑到水资源总量和交易制度，农业部门和非农部门之间水权转让和交易 (简称水资源"农转非") 成为缓解水资源产业部门用水竞争较合适的方案，并逐渐成为提高水资源配置能力以及缓解水资源短缺的有效管理工具。

"稻改旱"政策是水资源优化配置的重要工具，节水和经济效应明显。"稻改旱"政策以改变作物种植类型来实现农业部门与其他部门之间水资源重新调配，其政策目标不仅要保证水权交易量，即农业部门节水量调配给非农部门，也要兼顾参与政策农户的经济效益，减少政策实施对农户收入的负面影响。因此，"稻改旱"政策的实施对农业节水和农户经济发挥着重要影响。随着"稻改旱"政策节水成效的显现以及经验推广，不同区域积极尝试这一政策的试点和实践，然而，政策负面影响也较为突出。从已实施"稻改旱"政策的国家或区域来看，主要分布在中国大陆、中国台湾等水稻种植较多的地区。2007 年，在河北省和北京市之间进行了"稻改旱"政策试点，政策实施带来的节水效果较为可观，为北京市增加了 5 700 亿立方米水资源。2009 年太湖地区"稻改旱"政策带来了太湖水质改善，氮磷元素比重下降了 2.8% (Jiao et al.，2016)。2014 年宁夏通过农业部门与其他部门之间水资源重新配置试点开展了水资源短缺下产业转型升级，三年间试点地区单位产值用水量减少了近 30%，农业灌溉利用程度提高了 25%，用水总量三年期间减少了 7.2 亿立方米，实现地区单位水量国内生产总值年均 7.60% 的增长。2016 年中国水权交易所在北京成立，这是我国第一个全国性的水权交易平台，截至 2017 年底累计交易水量 14.680 亿立方米。这为产业部门间水权交易规范有序开展，全面提升水资源利用效率和效益，经济社会可持续发展提供了有力的支撑，这也成为我国水权交易重要的里程碑。然而，区域水资源的"农转非"使得上游水田面积大幅缩减，给粮食安全带来一定的风险 (梁义成等，2013)。

密云水库流域部门间用水竞争矛盾突出，是"稻改旱"政策实践的理想试验场。密云水库流域地处我国水资源供需矛盾最为严重的华北平原，流域农业部门与非农部门用水竞争矛盾突出。密云水库是流域下游北京市最大的饮用水来源地，为北京用水安全提供了一定保障。然而，由于城市规模扩大和人口增加等原因，流域下游地区水资源短缺问题仍然十分严重（闵庆文等，2015）。而且，该区域也是中国经济发展不平衡最突出地区之一，尤其是密云水库上游经济发展水平较低，该区域人均GDP不足全国水平的50%。由此，在该区域出现"水资源短缺"和"经济贫困"共存的现象，区域经济生态失衡问题严峻。为了实现流域水资源可持续利用和社会经济平稳发展，在流域上游实施了"稻改旱"政策。"稻改旱"政策水资源重新配置的原则要遵循公平、效率和可持续（Dinar et al.，1997；Ward and Pulido - Velázquez，2008；Marylou and Stephen，2013），公平和效率是可持续的保证。从效率视角来看，通过将农业部门水资源转让给非农部门，一定程度上实现了水资源由相对低效率向高效率利用转移（Knapp et al.，2003）。为了维持公平引入了生态补偿制度，用于补偿水资源的损耗，治理水环境破坏行为同时对受损利益主体福利进行一定的经济补偿，而政策的经济生态失衡问题使得可持续发展仍有较大改进空间。

综上可知，"稻改旱"政策执行中如何实现政策节水效果同时又不牺牲公平是水资源管理面临的最大挑战。因此，政策实施的过程也是节水增效和农户经济福利矛盾权衡过程。如何实现政策可持续推进包括两个关键点，一个是了解政策预期目标、实现程度及有效调控举措；另一个是明晰政策外部性问题。农业部门节水量是"稻改旱"政策的主要目标，而农户是左右节水量的微观主体。"稻改旱"政策改变了农户生产的种植作物和约束条件，农户生产适应行为会直接影响政策的节水效果及其绩效。"稻改旱"政策已实施多年，政策绩效基本释放，但政策对农户经营绩效是否具有影响仍不明确，政策推进中的外部性问题也需要科学地评估。

基于上述研究背景，本研究以密云水库流域水资源跨部门合作为背景，以如何科学评价政策效果、寻求有效途径实现"稻改旱"政策可持续推进为核心问题，并提出以下细分问题进行研究。首先，政策实施多年后其节水效果如何，有何动态变化规律？其次，参与政策的农户在用水上会采用怎样的响应或适应行为，其决策机理是什么？最后，参与政策对农户收入影响方向是什么、程度多少？本文将利用实地调研数据，通过理论与实证分析试图回答上述问题。

1.1.2 研究意义

本文关于"稻改旱"政策的节水效果及其对农户收入影响研究具有以下的理论意义和现实意义：

从理论意义上来看，首先，农业部门与非农部门竞争性需水管理政策是水资源管理者和学术界研究的热点与难点议题。其次，"稻改旱"政策中农户生产适应行为机制、演化路径研究为跨部门水资源可持续合作提供科学支撑。而且，农户适应行为研究是粮食安全、提高水资源配置效率的核心命题。然后，厘清政策冲击下农户用水适应措施，便于明晰"稻改旱"政策有效推进的内核和可持续发展的微观机理。接着，将农户认知纳入适应行为分析框架对丰富"稻改旱"政策农户适应行为理论研究有重要意义。最后，政策影响评估方法的引入对农户经济福利的科学评估和政策补偿机制的制定具有重要参考意义。

从现实意义上来看，第一，密云水库流域是耦合"社会—经济—生态"系统需水管理视角研究"稻改旱"政策可持续推进的理想试验场。第二，衡量政策的节水效果有助于政策实施者明晰政策节水目标实现程度和动态管理，对区域水资源可持续利用有重要的现实意义，也为政策制定者在优化资源重新配置的政策工具选择上提供决策参考。第三，厘清农户用水行为适应措施，便于政策管理者掌控农业部门需水调控弹性区间，这也是"稻改旱"政策调整中亟待回答的现实问题。第四，掌握政策实施对参与政策农户经济影响方向和程度有助于政策经济合理并实现政策可持续推进，保障农业可持续发展。

1.2　国内外研究现状

"稻改旱"政策作为水资源在农业部门和非农部门之间重新配置的重要工具，政策实施的过程也是节水增效和农户经济福利权衡的过程。关于"稻改旱"政策的相关研究、"稻改旱"政策本身的节水成效和政策影响是水资源管理者和学术界最关注的两个重要议题。因此，为了研究"稻改旱"政策节水效果及其影响，本章将梳理"稻改旱"政策产生与分类、"稻改旱"政策节水效果和"稻改旱"政策影响评估三个部分的研究进展，并在此基础上进行文献述评。

1.2.1　"稻改旱"政策产生与分类

掌握研究对象产生的规律是深入研究的基础，此外，对研究对象进行分类研究是各门学科中普遍使用的科学方法，为了加深对研究对象的认识、揭示研究对象不同类别的异同点，本文将比较分析"稻改旱"政策不同分类标准。因此，本节将从"稻改旱"政策产生、"稻改旱"政策分类和发展历程三个方面进行汇总整理。

（1）"稻改旱"政策产生

"稻改旱"政策，又称"退稻还旱"政策，它是水资源"农转非"的一种重要方式。水资源"农转非"中供水方对受水方的主要贡献来自农业部门的节水，其中，"稻改旱"是节水最直接、最高效的方式，政策具有操作性好、水资源重新配置能力强的特点（来晨霏和田贵良，2012；Jiao et al.，2017）。"稻改旱"政策引入和实施基本条件是，在某一区域范围内，农业部门以水稻等高耗水作物为主要作物，因而，相对非农部门（工业、生态环境和居民部门），农业部门使用了更多的水资源，进而使得农业部门和非农部门水资源利用存在较大竞争，并且，两个部门之间用水竞争关系威胁到区域水资源可持续利用、社会经济稳定发展（Zhou et al.，2009；Debaere et al.，2014）。

由此来看，"稻改旱"政策的产生主要受非农部门需求驱动，此外，还受农业节水潜力、用水比较收益、水资源管理制度等因素的影响。从非农用水需求因素来看，旺盛的非农部门用水需求，例如工业用水、生活用水及生态用水，很难通过开发新水源增加绝对供给来实现，因此，在水资源总量有限和水资源制度稳定的条件下，"稻改旱"成为当前的最佳选择（Yutaka et al.，2007；周玉玺等，2015）。而且，随着生态用水量的递增，在供水能力有限的约束下，满足生态用水需求会加大"稻改旱"政策农业水转移的态势（Wang，2018）。在农业节水潜力方面，大多研究指出农业水资源利用效率较低，世界发达国家的利用效率为 70%～80%，而我国在节水灌溉技术、农田水利设施建设以及地块规模化程度等方面相对发达国家还有一定差距，使得我国农业灌溉用水的利用效率仅为 40%～50%（佟金萍等，2014）。其中，提高农业灌溉用水系数措施中节水技术的应用和推广成效最显著，节水技术是提高水资源利用效率的关键，因此，"稻改旱"政策转移水的数量取决于农田灌溉节水技术使用情况（Tilmant et al.，2009）。例如，部分研究指出黄河"水权转换"试点是在基于渠系衬砌、推广节水灌溉技术等手段获得部分"余水"之后再挪用到工业部门（王金霞等，2005a）。此外，农业部门还存在一定的节水潜力。由于水资源空间分布和利用差异较大，这导致不同区域农业节水潜力区域差异较为显著，但从整体平均水平来看，我国农业部门节水潜力较大。从农业与非农用水比较收益因素来看，可观的非农供水和水权转换收益成为推动"稻改旱"的较大经济动力。有研究在对山东位山灌区案例研究中发现农业用水与工业、生态用水价差分别为 0.6 元/立方米、0.1 元/立方米（周玉玺等，2015）。以水资源制度与政策因素来看，研究表明水资源政策是驱动"稻改旱"政策重要因素之一，如水价和水资源管理制度，但政策的作用需较长时间才能得以体现（王克强和刘红梅，2009；Takahashi et al.，2013）。

综上，农业部门较大的节水空间为"稻改旱"政策的实施提供了可能，非农部门用水需求是"稻改旱"政策的第一大推力，其发轫的基础源于农业部门与非农部门间用水预期收益差异，而农业节水潜力是约束"稻改旱"政策实施与否的关键因素。此外，水资源管理的相关制度和政策是顺利实施"稻改旱"政策的重要保障。

（2）"稻改旱"政策分类

分类是了解和分析研究对象的一种重要方法，它是深入研究、发现规律的基础。"稻改旱"政策是实现农业部门与非农部门之间水资源重新配置的重要工具，水资源重新配置按水资源转移的性质、期限、位置、费用、距离等标准可以划分为不同类型，如表1-1所示。因政策实施区域和目标差异可采用不同的转移类型，实践中也有多种类型同时采用。

表1-1 农业部门与非农部门水资源配置分类

分类依据	类别	优势	不足及局限	代表案例	文献来源
交易性质	市场	效率高	公平失衡/难度大	澳大利亚 Murry-Darlling 河流	Crase 等（2004）
	准市场	兼政府市场特点	操作难度较大	中国内蒙古黄河清河水系	刘敏（2016），石腾飞（2018）
	行政命令	公平性高	资源优化率低	中国东阳-义乌，中国台湾 Chang-Hwa 和 Yun-Lin	沈满洪（2005）Chiueh 等（2015）
时间长短	短期	灵活性强	作用时间有限	西班牙 Lobregat 河流域	Heinz 等（2011）
	中长期	灵活性较强	作用时间短	印度 Hyderabad	Celio 和 Giordano（2007）
	长期	作用时间长	灵活性低	日本 Tone 河流域	Matsuno 等（2007）
空间位置	同区域	容易操作	作用空间有限	中国太湖流域，黑河流域	Jiao 等（2017），Wang 等（2015）
	跨区域	优化异地资源	较复杂	中国潮白河流域	Liu 等（2018）
转移费用	有偿	激励性强	政策成本高	智利 Elqui 河流域	Hearne（2007）
	无偿	降低项目成本	激励性弱	墨西哥 Lerma-Chapala 流域	Levine（2007）
距离	当地转移	交易成本低	受益范围小	美国科罗拉多州的阿肯色河	Howe 等（1990）
	远距离	受益区域广	成本高	中国南水北调	杨云彦和赵锋（2009）

具体而言，按交易性质不同可以划分为市场型、准市场型和行政命令型。其中，市场型需要具备至少一个水资源买卖主体、双方权力平等、买卖价格明晰等条件，实施门槛较高，这种类型多见于美国、澳大利亚等国家的水市场（姜东晖等，2011）。准市场型重视私有部门、产权制度等市场工具（刘敏，2016；刘钢等，2017），兼有市场和行政的特点，我国近十年的水资源管理大多属于这一类型。行政命令型的特点是转移完全依靠政府政策指导，行政协调速度慢，一般应用在重大的公共利益的项目（Wang，2018）；按持续时间长短可分为短期、中长期和长期转移三种。其中，短期水转移对应的时间跨度通常不超过一年，这种类型一般用在区域大面积干旱时期，政府为了减少整体经济损失采取的临时转移农业用水量（Huang et al.，2007），中长期一般是2~3年，而长期转移一般指永久转移。整体来看，长期转移作用时间长，但灵活性较低，而中短期转移具备灵活性较强的特点，中短期转移应用的最为普遍。按空间位置异质性可分为同流域和跨流域，因社会经济状况、生态环境以及制度文化上的差异性，后者实施过程更为复杂，难度更大，因此，现实中采用前者较多。按有无转移费用分为有偿型和无偿型，依据生态补偿理论水资源"农转非"要给农业部门一定补偿以减少其在资源和生态上损失。因此，大多发生的转移都是有偿的，但该类型转移通常会提高政策实施成本。按转移距离长短分为当地转移和远距离或跨区域转移，当地转移型因其转移可操作性强、交易成本低而成为主要采用的类型，而由于水文循环系统复杂性带来第三方的影响和环境的外部性，长距离或跨区域的转移相对较少（Heinz et al.，2011；Jesús et al.，2009）。然而，随着水资源区域分布不均衡以及供需矛盾加剧远距离或跨区域转移也日益增多。

（3）发展历程

关于水资源农业部门与非农部门之间重新配置研究虽然最早开始于20世纪50年代，然而其研究关注度近20年才逐渐提高。20世纪50年代开始，由于人口规模增加、工业化城市化的推进，西方发达国家非农用水持续增长，并开始探索有限水资源由农业部门向工业、城市等非农产业部门转移，在这一时期水资源"农转非"的实施规模相对有限。进入21世纪，随着工业化和城市化的高速发展，非农部门用水量急剧增加，尤其是在发展中国家。同时，水污染问题加剧了水资源短缺，而干旱为代表的自然灾害给水系统带来了更大的不确定性和脆弱性，这进一步加剧了农业部门与非农部门用水竞争，水资源"农转非"开始被引入和实践。

水资源"农转非"研究较早出现在西方发达国家和地区，中国在此方面的研究起步相对较晚。美国、澳大利亚、日本是世界上水资源"农转非"开展较为成熟的主要国家（Dai et al.，2017a；Wang，2018）。美国是世界上最早开始尝试水资源"农转非"的国家，1955 年美国 Otero 地区水权交易成为水资源"农转非"全球首例（Howe et al.，1990；Wu and Yu，2017），此后，大洋洲的澳大利亚、亚洲的日本也陆续尝试水资源"农转非"举措以此实现区域用水均衡，成为水资源"农转非"政策成熟度仅次于美国的两个国家。其中，日本水资源"农转非"政策于 20 世纪 70 年代作为国家附属计划制度化，并在 Tone 河流域的一个水利工程项目中启动（Takeda，2005）。澳大利亚水资源"农转非"开始于 20 世纪 90 年代，澳大利亚水资源"农转非"发展较为完善的标志事件和重大成果之一就是 Murray - Darling 河流域农业灌溉用水转移到非农用水。随着水资源"农转非"举措的付诸实践和成效显现，水资源"农转非"陆续在北美洲的墨西哥，南美洲的秘鲁、智利，欧洲的西班牙等国家开始实践（Venkatachalam and Balooni，2017）。2000 年，随着《中华人民共和国水法》的颁布我国于当年开始试点水资源"农转非"政策，其中，东阳—义乌水权交易是我国水资源"农转非"成功实践的首个案例，而"稻改旱"政策发展历史更短，其实施也仅开始于十余年前，并且，其主要分布在有水稻种植的亚洲地区。自此，水资源"农转非"在除南极洲外各洲均有开展，如表 1 - 2 所示。从整个发展历程来看，水资源"农转非"政策从开始试点到逐步推广应用，从不规范到逐步制度化、法律化，经历了一个不断改进、不断深化的过程。

表 1 - 2　全球各洲水资源"农转非"开始时间和典型案例

洲名	国家	开始时间	典型案例
北美洲	美国	1955	Otero 流域，Colorado 流域
	加拿大	1994	Great Lakes 流域
	墨西哥	1992	Rio San Juan，Lerma - Chapala
亚洲	日本	1960	Tone 流域
	中国	2001	东阳—义乌，潮白河流域
	印度	2005	Hyderabad 流域
	伊朗	2002	Zayandeh - Rud 流域
大洋洲	澳大利亚	1960	Murray - Darling 流域
南美洲	智利	1991	Elqui 流域
	秘鲁	2012	Rímac 和 Mantaro 流域
欧洲	西班牙	1991	Lobregat 流域，Mediterranean 流域
非洲	莱索托	2004	Taoudeni 流域

注：根据文献汇总整理。

1. 2. 2 "稻改旱"政策与农业节水

"稻改旱"政策从交易性质上可以看作是一种准市场水权交易，其交易标的是农业部门结余的水资源量，"稻改旱"政策本身的成效主要来自政策农业部门节水效果，而农业部门节水效果是参与政策农户用水适应行为结果的总和。此外，明确政策节水效果大小是"稻改旱"政策调控的依据，而实现政策农业节水转移的有序管理是政策成功实施的重要环节。针对"稻改旱"政策节水效果的已有文献主要包括"稻改旱"政策节水效果测算、农业节水转移管理和农户生产适应行为三个方面，以下对这三方面的内容进行详细梳理。

(1) "稻改旱"政策节水效果核算

评价"稻改旱"政策本身成效指标包括转移水资源总量、转移水资源质量、成本有效性、边际技术替代系数、粮食安全等，其中，政策的节水效果是衡量政策成效的最重要、最常采用的指标。农业部门的节水总量是政策可交易水量的主要组成部分，合理的转移水资源量是"稻改旱"政策最初始也是最主要的目标（王学渊等，2007），转移水量是水权交易的标的（王双英，2012）。关于政策农业节水转移合理规模，部分学者指出"稻改旱"政策农业节水的速度和规模必须与其资源追加投入的速度、规模相适应（姜文来等，2002）。关于"稻改旱"政策节水效果核算，已有文献指出水资源"农转非"转移的水量往往缺乏统计和测算，这不利于政策的动态监控（Knapp et al.，2003；Celio et al.，2007），针对核算方法，姜东晖和胡继连（2008）指出中国农业部门转移到非农部门的水资源数量缺乏详细记载，需要通过估算确定，估算方法以农业用水量的历史峰值为作物农业基本需水量，其他年份农业转移到非农部门的水资源数量用历史峰值与该年份差值衡量。而且，利用该测算方法研究结果发现1998—2014年中国农业部门向非农部门的水资源转移水量呈现波动上升趋势（胡继连和仇相玮，2016）。还有学者认为"稻改旱"政策节水效果可根据政策实施前后灌溉面积变化与作物灌溉用水定额乘积之差衡量（Lena and Rutgerd，2017）。另有研究采用全生命周期（LCA）方法，基于农业水资源转移政策实施前后农业全产业链用水量变化核算政策节水效果，并发现政策实施带来显著的节水效果（Liang et al.，2018）。

除了关注"稻改旱"政策实施过程中实际农业节水效果，还有学者指出还需进行政策实施后农业部门节水潜力估计、掌握政策节水效果弹性区间。即"稻改旱"政策节水效果最大规模对应农业部门最佳生产条件下农业用水结余量，进而深入理解"稻改旱"政策节水效果，掌握政策农业水转移弹性调控区间。当前农业用水向非农部门转移水量常常考虑工程措施的节水量，然而，种植结构调整、节水技术采用、灌溉面积变化等非工程措施节水量没有包含在内，导致水资源管理者低估了政策可转移水调控范围（唐曲和姜文来，2006；刘璠等，2015）。在"稻改旱"政策成效衡量问题研究上，除了关注节水效果指标，研究还指出粮食安全也是一个重要指标，政策实施区域粮食安全也不能忽视。以粮食安全作为水资源向非农部门转移的成效评价指标，合理的转移要求政策实施后农业部门粮食安全水平在转出区域承载力范围内（冯哲，2014）。农业的特殊性决定了水资源"农转非"不仅要关注非农经济，更要关注以粮食安全为基础的整个社会稳定性（胡继连和仇相玮，2014）。另外，有研究指出对于水资源"农转非"政策成效不能仅仅用转移水资源量衡量，还要考虑获得转移水量的成本投入，需要以单位数量节水成本计量，经济学中通过成本有效性，即通过成本有效性评估"稻改旱"政策本身的成效。

　　"稻改旱"政策的节水成效取决于农业部门节水程度和节水潜力，而掌握农业节水的情况需要明晰农业节水的途径。农业节水的途径主要包括三种：工程节水、农艺节水与管理节水（蒋舟文，2008），其中，通过工程方式减少农业用水的含义是指提高灌溉水资源利用系数节水，这具体包括提高运输渠系和农地上水资源利用程度，前者依靠工程手段减少水资源运输中的渗漏，后者借助于喷灌、微灌、常规地面节水技术。农艺类的节水途径诸如以地膜或秸秆覆盖为代表的物理方式保墒、保水剂为代表的化学保墒、抗旱作物及品种选育和作物种植结构调整等措施。管理方式的农业节水途径包括农业用水计量、农业用水分配方案和灌溉制度等工具（薛彩霞等，2018）。总体而言，农业节水技术的应用，农业种植结构优化以及水资源管理的完善对农业节水潜力的提高有重要影响。

（2）"稻改旱"政策农业节水转移管理

　　"稻改旱"政策中农业节水转移过程调控管理包括供水管理和需水管理两方面，但主要以需水管理为主。调控的主体主要有政府、用水者协会、村集体和承包管理者，调控依赖经济和行政两种主要手段（胡鞍钢和王亚华，2000），经济手段以水价政策、补贴政策、节水激励政策为工具，行政手段借助水资源总量控制、管制强度调控、节水技术推广、水资源管理模式改革等措施（Gastelum et al.，2009）。水价政策方面，有学者研究表明农业用水量与水价呈现 U 形曲线关系，即水价的增加使得两者的弹性关系先递减然后递增，由此，农业节水转移管理要顺应此规律（赵永等，2015）。使用价格杠杆一定程度上提升农业用水效率，但同时也可能对农业种植收入造成负面影响，因此水价政策与适当的定额补贴政策双管齐下将达到既节约用水又兼顾农户种植收益的双赢结果（刘莹等，2015）。水资源"农转非"调控措施选择上依靠市场、政府或者二者结合的调控作用域仍有争议，具体表现在部分研究认为政府参与式灌溉管理和用水者协会的成立对农业水资源供应有积极影响（王金霞等，

2005b;刘静等,2008)。还有学者基于水银行的案例研究中指出水务行业放松管制和水资源金融化是农业节水转移管理的趋势(谢平和吕松,2005)。另有学者基于甘肃张掖灌溉用水权交易试点研究认为,为了保证当地水资源承载力,应该实行农业转移水的总量控制和定额管理(王克强和刘红梅,2010;Wang et al.,2015)。在黑河流域研究中发现要结合区域特征制定集成水资源管理评价指标,实现水资源定量调控(方兰等,2006;李玉文等,2010)。非农用水部门水资源调控主要依靠价格杠杆,水价体系作为水需求侧管理的主要手段激励节约用水成效显著(李眺,2007;郑新业等,2012)。此外,水资源"农转非"涉及经济、社会和生态多个系统,需要重视农业节水转移,监管转移水的速度和数量(冯哲,2014)。大多学者认为当前转移程序和监控在实践操作层面仍缺乏有序管理,使得政策无序管理现象普遍存在(黄红光等,2012;Banihabib et al.,2015)。若要确保部门间水资源重新配置的正常运转,还要加强对水权市场的监管,具体的监管内容至少应包括水资源"农转非"的数量、程序及经济补偿等(胡继连和葛颜祥,2004)。

综上,"稻改旱"政策实施过程中水资源的调控对象常常是农业部门的调控,较少关注非农用水部门的需水管理,这不利于水资源整体优化配置动态管理。而且,政策调控内容以水资源数量为主,对水资源质量的监控较为缺乏。此外,政策调控措施选择上依靠市场、政府或者二者结合的调控作用域仍有争议。

(3)"稻改旱"农户生产适应行为

农户是影响"稻改旱"政策成效的最主要的微观主体,政策实施后农户生产适应程度直接影响政策成效。国内外学术界关于"稻改旱"农户生产适应行为进行了丰富研究,已有研究内容主要集中在农户农业生产适应措施内涵、农户生产适应行为影响因素选择及研究方法等方面。

关于适应一词概念的内涵,研究指出该词最早起源于自然科学,其广义含义指组织或系统为了生存、繁殖而增强应对环境变化的基因和行为特征(田素妍和陈嘉烨,2014;王成超等,2017),人文系统中该词的含义为"核心文化对自然环境的调整"(Bilal and Baig,2018)。社会科学中关于"适应"含义基本形成共识,即"针对现实发生或预计到的环境变化及其影响,人类系统为减少损失或趋利选择而进行的调整行为(Somda et al.,2017;童庆蒙等,2018)。农业生产过程中,农户是最基本的生产主体,土地、劳动力、资本是最基本的三个生产要素,随着社会经济发展和水资源的逐渐稀缺,水资源在生产要素中的地位越来越重要(吴玉鸣,2010;仇童伟和罗必良,2018)。从要素角度看,农户适应行为主要体现为农户生产要素配置行为的调整(钟甫宁和何军,2007;盖庆恩等,2014),具体含义是指在家庭生产经营目标导向下,将生产要素按照一定的方式在农业生产或非农生产上分布（郭轲，2016）。农户是生产要素配置的决策者，农户的生产要素配置行为反映出其对政策制度、要素禀赋及经济社会生态发展等的适应特征（侯麟科等，2014；李宁等，2017）。关于农户生产适应行为分类，研究表明农户采取的适应行为有很大异质性，为了便于对农户生产适应行为系统研究，同样有必要对其进行分类。表 1-3 根据不同视角对适应行为进行了分类，其中，对农户适应行为分类最常用的国际标准对应 IPCC 2001 年的分类方法，即生产适应行为可以分为工程类和非工程类，其中，非工程类适应行为可以划分为农田管理类行为和节水技术使用行为，农田管理类行为以作物种植结构调整为主。

表 1-3　农户生产适应行为分类

类别	分类	具体行为	代表文献
持续时间	短期适应	调整劳动力、化肥、种子、农药等生产要素投入	王学渊等（2007）
	长期适应	调整土地利用方式（休耕、轮作或转换、流转），改变作物类型	Jiao 等（2017）
尺度	作物	调整化肥投入，调整作物品种	Howe 等（2003）
	地块	调整作物结构	王金霞等（2008）
	农户	调整生产要素投入、土地利用方式调整；灌溉：灌溉技术采用滴灌、喷灌等节水技术	Charles 等（1990）
形式	工程技术	打井、建水窖、修建水渠、更新水泵等排灌设施，增加或减少节水技术采用	IPCC（2001）
	非工程技术	作物多样化生产，调整土地种植结构；增强或减弱地下水、地表水使用	石腾飞（2018）

注：根据文献整理。

　　针对"稻改旱"政策实施后农户生产适应行为，研究表明，"稻改旱"政策引入使得农户在水资源要素、土地要素、劳动力要素等相关要素上产生适应行为。"稻改旱"政策实施改变了农户生产的要素禀赋、资源约束条件，而农户通过政策实施后的生产适应行为应对政策所带来的生产条件和环境的改变。研究指出"稻改旱"政策本质上是一个要素替代过程，因而，农户的生产适应行为体现为其他要素或资源追加投入将水资源从农业生产中替代出来（Banihabib et al.，2016）。具体来看，政策实施后农户在农业生产中水资源要素减少或受限，为了维持利润不变，农户在土地、水资源、劳动力、化肥农药和技术等生产要素上采取适应行为，参与政策的农户主体适应行为多样，但以水资源要素和土地要素利用相关的行为为主。

针对水资源要素相关农户生产适应行为研究上，水资源适应措施指用水主体在追求自身利益基础上，采取的主动适应或被动适应所处的区域系统中用水条件，例如，水资源条件、经济社会相关制度政策、用水成本等条件。水资源适应措施本质上可以概括为两类，即改变主体的用水方式（用水量、用水效率等）和促进用水环保意识提高（李昌彦等，2014）。还有研究发现，为了适应水资源"农转非"，农户在地块边上建小池塘储水，方便充分的灵活用水、提高水资源的利用程度（Roost et al.，2008；Dai et al.，2017b），改变灌溉方式是农业部门适应水资源"农转非"的常用措施，农业用水决策也是影响水资源"农转非"农业部门节水的关键。有学者基于定性分析指出水资源农转非后农户灌溉条件变差，灌溉用水量减少，农户可能会通过节水措施获得多余水权（唐曲，2006；姜文来，2006；Huang et al.，2007）。还有研究指出水资源"农转非"以农业灌溉节水技术先行为前提和保障，然而在水资源"农转非"政策实施后农户对政策提供的灌溉节水技术采用现状和问题研究较为缺乏，进而导致政策目标完成度不明晰，政策成效弹性调控区间边界模糊。

在农业节水途径中，节水效果较为显著的途径是节水技术的采用。研究表明，节水技术的采用对农业节水有显著影响，研究表明只改善灌溉节水技术条件会带来我国现有灌区水资源利用系数提高20%～40%，相应的用水量可减少720亿～1 440亿立方米（Cai，2008；付银环等，2014）。关于农业节水技术分类，研究认为生产中农户采用的灌溉节水技术种类较多样，根据节水技术特征不同，农户灌溉节水技术可以划分为传统型、农户型和社区型三类。其中，传统型技术例如畦灌、沟灌和平整土地、地膜覆盖等技术，农户型灌溉节水技术包括地面管道、地膜覆盖、保护性耕作、间歇灌溉和抗旱品种等技术，而社区型灌溉节水技术包括地下管道、喷灌、滴灌和渠道防渗等技术（刘亚克等，2011）。从农户灌溉节水技术采用的影响因素来看，影响农户灌溉节水技术采用的因素较多，主要包括农户特征、家庭特征、政策特征和外部环境等因素。其中，农户特征包括农户性别、受教育程度、风险态度等，女性户主相对男性户主更倾向于采用节水技术，教育程度的提高使得农户更好地调整要素投入以便采用技术（刘红梅等，2008；秦欢欢等，2019），农户对风险态度不同其要素配置效用最大化的心理感受也不同，所选择的节水技术行为也有所差异（李涛和郭杰，2009）。家庭特征包括耕地面积、家庭人口规模、家庭收入等（薛彩霞等，2018）。政策特征以政策资金支持、政策认知、政策技术推广服务等因素为主（Wang et al.，2015），其中政策的资金支持对农户节水技术采用有重要激励作用，节水技术或设备通常需要较大投资。政策认知对节水技术采用也得到越来越多关注，20世纪之后学者逐渐发现公众感知作为理解人文响应行动的基础，对适应机制的重要性，部分学者从认知角度提出了农户感知是农户对自然社会经济系统变化适应策略采用的关键因素 （Gbetibouo et al.，2010；郑艳等，2016），还有研究发现政策实施的过程也是一个农户适应性的学习过程，更是一个认知调整的过程，因而，农户对政策认知对其适应行为有显著影响（朱长宁，2014）。外部环境包括水价、水资源稀缺程度、村水利设施条件等（刘宇等，2009）。此外，农户灌溉技术适应行为采用还受未来干旱程度的随机性、水权交易价格、成本等因素的不确定性影响（Carey et al.，2002；Chen et al.，2014）。

针对土地要素相关农户适应行为，研究发现农户适应行为多表现为种植结构调整、耕地经营强度改变。有学者基于案例分析发现农业部门水资源向非农部门转移迫使农户改种植旱作物，水量限制下作物种植结构由单方水效益低的作物转向单方水效益高的作物，进而提高经济效益高的作物种植比例（Howe et al.，2003；王晓君等，2013），农户还会通过改变作物种植密度行为来适应（Zhou et al.，2009）。农业部门水资源向非农部门转移使得农户种植模式由"轮耕套作"转变为单一种植，种植结构单一化，水资源的约束使得农户逐渐放弃养殖业（Charles et al.，1990；Robert et al.，2007）。而且，水资源缺乏背景下农户往往倾向于选择适应能力更强、功能多、高产和经济回报高的作物及其品种来适应（王金霞等，2008）。耕地经营强度调整上，有学者研究发现，"稻改旱"政策实施后农户在单位面积土地的化肥农药投入增多（王学渊等，2007）。在劳动力要素相关农户适应行为上，研究发现，在比较收益的驱动下更倾向于转向非农工作（Zhou et al.，2009；梁义成等，2013），"稻改旱"政策实施后兼业化程度较低地区参与政策农户家庭劳动力多出现转向非农就业的现象，而在兼业化程度较低的国家，农户生产适应行为仍然在农业内部各个行业间调整（王学渊等，2007）。还有研究表明水资源"农转非"使农户通过调整外出打工应对政策冲击，部分农户劳动力还会转向经济效益高耗水量小的林业生产上，水资源的约束使农户逐步放弃渔业的发展（Alberta et al.，1990；Jiao et al.，2017）。

针对农户生产适应行为影响因素研究方法的研究，主要以计量经济学方法为主。例如，有学者为了探究气候变化冲击下南非农户适应行为驱动因素，利用了 Probit 模型（Nhemachena and Hassan，2007）。还有学者基于多元 Logit 模型分析了农户适应行为影响因素，另外，部分学者利用两阶段的思路构建计量经济模型定量研究了严重干旱事件后农户灌溉适应行为的影响因素（杨宇等，2016）。此外，部分学者在对美国地区农户生产适应行为研究中指出适应过程不止一个步骤，因此，需要采用 Heckman 两阶段计量模型探究农户生产适应行为（Stan and William，2003）。

综上，在"稻改旱"政策节水效果研究上，政策成效的衡量指标主要是农业部门节水效果，关于节水效果评价已有研究主要通过区域、农业产业耗水变化或流域河流断面水资源流量变化来衡量，研究尺度上看，已有文献较多从区域、国家、全球等宏观或中观层面研究，而微观农户层面政策节水效果研究较为缺乏，这不利于政策成效的微观机理研究，也不利于政策调控管理。针对参与政策农户生产适应行为研究中，大多研究关注政策对种植作物、种植方式和地表水取用的影响，较少关注微观农户灌溉节水技术采用、用水效率等。在农户生产适应行为研究上，已有研究主要以统计描述分析方法为主，"稻改旱"政策农户生产适应行为决策机理的定量研究还较为缺乏。

1.2.3 "稻改旱"政策经济影响研究

政策影响评估指的是依据一定的标准和程序，判别政策实施后的效果、效益、效率及参与政策主体的反馈，以此作为政策制定者或管理者识别政策变化、政策改进和制定新政策的依据（方向明等，2014；郑晓冬等，2017；Venkatachalam and Balooni，2018）。全球科学界一直在积极研究有限水资源优化配置问题，厘定资源重新配置政策对社会经济影响的相对贡献与作用方向，评判政策调整方向，致力于为解决水资源—社会经济可持续发展问题提供科学依据。

针对"稻改旱"政策影响研究，已有文献主要关注"稻改旱"政策影响评价指标、政策影响方向程度以及政策影响评估方法等内容。研究表明政策经济影响的评价指标主要包括水资源价值、作物产量、水资源利用效率、农户收入、城市经济和制度等指标，而且学术界关于政策经济影响方向存在着争议。部分学者认为水资源生态补偿政策对经济系统有正向影响，例如，有学者指出水资源"农转非"显著提升了参与农户家庭收入（Peck et al.，2004；Zheng et al.，2013），引导了农业节水（Dai et al.，2015），不仅对农村经济发展利大于弊，还有助于城市化和工业经济的发展需要（Fang，2006；Celio and Giordano，2007）。Zheng 等（2013）基于 2010 年河北省"稻改旱"政策研究，利用成本收益法得出政策实施带来农户收入的显著增加，农户家庭总收入增加了约 6 500 元。Jiao 等（2017）以中国太湖地区 2009 年的"稻改旱"政策为例，基于统计描述分析方法指出，政策对农户净收入有显著的正向影响。刘敏（2016）基于社会学视角分析研究发现水资源"农转非"还改变了原有的政府主导的水资源管理模式，产生了一种水权与水市场制度改革。

还有一些研究发现"稻改旱"政策对经济有负面影响，例如，Hu（2018）以中国洱海地区为研究对象，基于 InVEST 模型通过情景模拟得出"稻改旱"政策实施会降低作物产量。Zhou 等（2009）以河北省"稻改旱"326 个农户为研究对象，利用多元线性回归模型得出，政策使得农户玉米产量下降了

21％，农业收入减少了 32％，对农户净收入影响为负。王学渊等（2007）采用统计描述分析，基于政策实施前后一年数据统计得出，"稻改旱"政策实施使当地非农工作的可得性变差，加重非农就业的压力。还有研究发现印度南部农业水资源转移政策的实施，剥夺了农业灌区农户饮用水的保障能力，降低了农户的经济福利（Celio et al.，2007；Venkatachalam and Balooni，2017）。"稻改旱"政策影响的客体主要是农户，"稻改旱"政策实施的主要措施为鼓励农户将水稻作物改为旱作作物，农户作物种植调整会影响农作物收益，而且水稻相对以玉米为主的常规旱作单位面积比较收益高，因而政策实施通常会对农户家庭农业收入产生负面影响（Liang et al.，2018）。部分研究发现政策的实施导致农户灌溉耕地面积减少、耕地价格滑坡、需水作物产量下降，降低了农户收入（董文福和李秀彬，2007），导致非农就业率降低，加大就业环境竞争压力，加重非农就业的压力，降低区域的就业率（王学渊等，2007）。在农业水资源转移政策影响研究中，有学者指出水资源"农转非"制约了以农为主的上游地区的经济发展，扩大了流域上下游贫富差距（Charney and Woodard，1990；Cai，2008）。在水资源"农转非"转移的速度与总量不明确的条件下，灌区水资源供需失衡现象较为突出，进而威胁粮食安全及整个国民经济的运行（Rosegrant，2000）。除此以外，还有学者认为农业水资源转移的政策影响大小和方向有不确定性（Howe and Goemans，2003；Zheng et al.，2013），水资源"农转非"整体的经济影响方向的正负受区域经济多样化影响（Taylor and Young，2018）。

除了政策经济影响，还有部分研究关注到水资源"农转非"的社会影响。社会影响主要聚焦政策实施对社会公平、矛盾纠纷处理和社会关系网络等指标的影响。对部分印度地区水资源"农转非"的研究发现，政策的实施剥夺了灌区农户饮用水的保障，造成了社会不公平（Matsuno et al.，2007）。此外，水资源"农转非"实施后由于缺乏节水管理，使得地下水灌溉过度使用，带来地面沉降问题。而农业系统可用水资源日益短缺，容易引起管理部门与转出主体、使用主体的对立，引发水事纠纷（Wang et al.，2015）。另有针对中国台湾地区水资源"农转非"问题的研究指出，政策的实施导致原有作物带来的多功能收益和社会价值下降（Chang and Boisvert，2000）。水资源"农转非"引申出以村庄、社区为中心，具有"关系水权"特征的非正式产权制度安排，构成了以村级层面对制度环境的适应机制（石腾飞，2018）。除了衡量政策的经济、社会或生态影响，还有研究从经济、社会、生态三方面综合评估水资源"农转非"政策影响（Australian National Water Commission，2010；Tisdell，2011；Sun et al.，2017）。例如，代小平等（2009）基于灌溉多功能性理论以东阳—义乌为例从经济、社会、生态三方面评价水资源"农转非"政策影响。

政策影响评估的研究方法上，Howe（2003）运用投入产出模型分析水资源"农转非"的影响，还有部分学者采用双倍差分法（DID）或倾向匹配模型（PSM）评估水资源"农转非"政策影响（Zheng et al.，2013；Jiao et al.，2017）。然而，采用该方法时忽视了倍差法使用的前提假定，出现了平衡性检验未满足、平行趋势欠考虑等问题，导致政策影响评估结果准确性有所降低（陈林和伍海军，2015）。双倍差分法（DID）、倾向匹配得分法（PSM）和断点回归法（RD）等实验经济学研究方法近年被国内外学者在政策影响评估上广泛使用，该方法基于可控实验而得到的数据能一定程度上减弱数据的内生性问题（洪永淼，2015）。评估方法的选择对于政策管理和调控起着重要作用，有效的政策影响评估方法能够较为精确地衡量政策参与主体对干预的响应机制，这便于政策管理者掌握政策带来的真实影响，从而减少低效率政策、增加干预措施的有效性（李伟，2015）。

综上，"稻改旱"政策的影响评估研究以经济影响为主，政策经济影响方向存在争议。从"稻改旱"政策影响研究方法上看，已有研究通过定量和定性相结合评估，研究方法以定性描述为主，运用定量的研究方法较为缺乏。定性方法上，一般直接比较政策前后农户收入变化。定量方法研究较少，而且在部分政策影响定量研究方法使用上存在一定问题，使得政策影响评估结果科学性受到影响。

1.2.4　综合评述

综上所述，现有关于"稻改旱"政策节水效果及经济影响研究集中在三个方面。首先，政策本身的产生、分类和发展历程。其次，"稻改旱"政策节水效果评价、农业节水转移管理和参与政策农户适应行为。最后，政策影响方向程度、影响评估方法研究。三个方面的研究成果为掌握"稻改旱"政策解决水资源分配问题提供了有益的思路，也为竞争性用水问题的进一步探索奠定了基础。总体而言，"稻改旱"政策节水效果和政策影响的研究文献相对丰富，已取得了一定成果。然而，"稻改旱"政策节水效果和政策影响方面还存在一些值得研究的问题，具体来说，已有研究存在以下三点不足：

（1）研究视角上

"稻改旱"政策节水效果研究多以中观、宏观视角为主，从微观农户视角的研究较为缺乏，而且政策节水研究侧重自然科学，鲜少文献进行自然科学与社会科学交叉研究。已有文献较多通过自然科学上水资源流量的变化来衡量政策成效，而鲜少从微观农户层面进行政策节水效果研究，也较少从社会科学视角探究相关利益主体行为活动对政策节水效果的作用，这不利于政策节水效果的多视角、跨学科研究，也不利于政策调控管理。

(2) 研究内容上

"稻改旱"农户生产适应行为采用研究经济学理论支撑较为薄弱，政策节水效果和影响研究缺乏整合。针对参与政策农户生产适应行为研究中，大多研究从政策解读上分析农户生产行为变化，基于经济学理论深入探究农户种植结构调整、节水技术采用等适应行为决策机制仍不明晰。政策节水效果和经济影响是政策两个重要目标，然而，已有研究对政策效果评价大多侧重某一方面，两方面整合研究较少，但是"稻改旱"政策本身成效和政策影响两方面是相互作用的，因此，忽视这两方面的关联性将降低政策评估结果科学性，阻碍政策决策者从整体上把控政策的效果、阻碍政策改进。

(3) 研究方法上

缺乏较为科学的"稻改旱"政策对农户收入影响评估的研究。农户适应行为已有研究大多属于概念性的探讨或定性分析，采用大规模实地调研，基于经济学数理理论实证定量分析农户适应行为及其决定因素的研究较为缺乏。"稻改旱"政策影响评估方法多以定性描述和比较分析为主，一般直接从水资源"农转非"政策前后区域或农户层面收入的变化出发以评价政策效果，采用较为科学的政策评估方法识别政策净影响的研究较为缺乏。

针对已有研究存在的不足，本书首先基于多学科交叉视角，更准确地核算村域层面"稻改旱"政策节水效果，分析政策节水效果动态变化及其原因。其次，基于农户层面数据，定量研究政策实施对农户种植结构、节水技术采用行为的影响，厘清政策节水效果微观机理。然后，利用处理效应研究方法科学评估出"稻改旱"政策对农户收入的影响。最后，整合政策节水效果和农户收入影响，对政策可持续性做出评价，提出实现"稻改旱"政策可持续推进的改进措施，为相关部门优化并继续推进"稻改旱"政策实施提供参考依据。

1.3 研究目标与研究内容

1.3.1 研究目标

本研究以密云水库流域"稻改旱"政策为研究对象，基于宏观和微观调研数据，在掌握政策出台背景和实施过程的基础上，对"稻改旱"政策节水效果及政策对农户收入影响问题进行研究，揭示出"稻改旱"政策节水效果中观和微观机理以及政策对农户收入的影响机制，以期为改善政策节水成效、提高农户经济福利和实现"稻改旱"政策可持续推进提供决策参考。为了完成总目标，设定如下具体的研究目标：

第一，明晰密云水库流域上游农业生产发展、下游用水状况，厘清"稻改旱"政策出台的背景、政策实施状况。

第二，掌握"稻改旱"政策村域层面节水效果，揭示"稻改旱"政策整体节水效果大小、动态变化及其可能的原因。

第三，剖析"稻改旱"政策对农户低耗水型作物种植结构调整和农户节水技术采用的影响，明晰政策节水效果微观机理，为农业用水可转移量和潜力提供决策参考。

第四，揭示"稻改旱"政策对农户收入的影响方向、程度，解析"稻改旱"政策对农户收入影响路径，为政策经济可持续提供实证依据。

第五，辨析"稻改旱"政策可持续性，为提高"稻改旱"政策可持续性提供对策和思路。

1.3.2　研究内容

基于上述研究问题和目标，确定以下主要研究内容：

第一，密云水库流域"稻改旱"政策。通过研究密云水库流域"稻改旱"政策出台背景和政策实施过程，厘清研究区域"稻改旱"政策演进。具体而言，分析上游农业部门水田、旱地的土地利用变化信息、种植结构，掌握上游农业生产变化规律。探究密云水库流域下游北京经济社会主体的取水、用水与耗水量，基于投入产出表分析下游北京市用水特征。回顾近十年密云水库上游水资源农转非政策实施覆盖的区域，政策运行与管理。

第二，"稻改旱"政策节水效果核算。以村级为尺度，选取灌溉用水定额自然指标以及种植面积、种植方式、灌溉比例等社会经济指标，测算"稻改旱"政策前、政策后农作物用水量，据此核算"稻改旱"政策节水效果，并分析政策实施后不同年份政策节水效果动态变化，并探究其变化的原因。

第三，农户种植结构调整、灌溉节水技术采用实证分析，剖析政策节水效果微观机理。基于"稻改旱"政策实施丰宁、滦平两个县农户调研数据，利用双重差分模型考察"稻改旱"政策对农户低耗水型作物种植结构调整的影响。分析政策前后"稻改旱"农户灌溉节水技术采用行为变化特征，借助二元离散Logit模型剖析"稻改旱"政策对农户灌溉节水技术采用行为影响。

第四，"稻改旱"政策对农户收入影响。采用多元线性回归模型、倾向匹配倍差模型从农户收入水平和结构两个维度实证分析"稻改旱"政策对参与农户收入的影响，采用分位数模型探究"稻改旱"政策对不同分位农户收入的影响，为"稻改旱"政策实施下农户收入改善提供参考依据。

第五，"稻改旱"政策可持续性评价和改进。基于政策可持续性、局限性进行"稻改旱"政策可持续性评价，其中，政策可持续性研究分政策本身可持续性和政策实施可持续性两方面内容展开，政策局限性研究主要基于政策本身和政策实施中暴露的问题进行分析。在此基础上，寻找提高"稻改旱"政策可持续性的改进措施,以期为"稻改旱"政策调控及其他地区推广提供参考。

1.4 研究思路和篇章结构

本文的研究思路如图 1-1 所示,研究以"政策引入—政策成效及经济影响—政策可持续性评价及改进"为逻辑主线,基于多学科、多尺度、多视角,试图揭示"稻改旱"政策实施整体效果以及其可持续性,进而寻求促进"稻改旱"政策可持续推进的对策。具体来看,本研究沿着以下脉络展开:首先,系统梳理国内外研究进展,在此基础上构建本研究理论分析框架。其次,根据政策提出背景和政策实施过程探究本文研究区域的政策概况。接着,利用宏观统计数据和微观调研数据,测算"稻改旱"政策的节水效果,并深入解析政策节水效果的微观农户机理。然后,评估政策对农户收入影响,并厘清政策经济影响路径。最后,基于政策实施整体效果、局限性评价政策可持续性,据此提出提高"稻改旱"政策可持续性的有效途径。

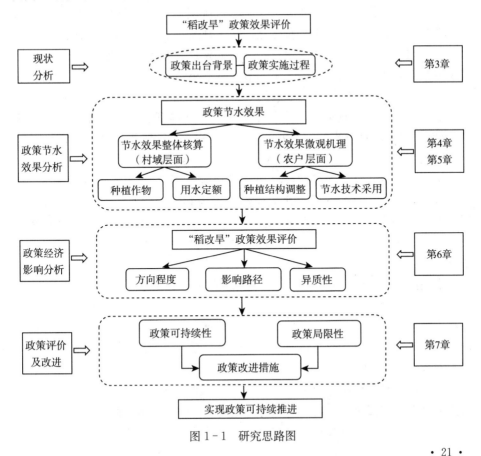

图 1-1 研究思路图

根据研究思路，本文的研究章节安排如下：

第一部分，文献综述与理论分析框架构建（第1章、第2章）

第1章，绪论。第一节阐述研究选题的背景，进而引出当前亟待解决的现实问题和科学问题，在此基础上，从理论和现实两个维度分析本研究的意义。第二节分析国内外研究进展，进行研究述评。第三节归纳研究目标和内容。第四节介绍研究思路和篇章结构。第五节分析研究方法、数据来源和技术路线。第六节归纳研究可能的创新之处。

第2章，概念界定与理论基础。第一节对本研究核心概念进行界定和内涵阐述，第二节介绍"稻改旱"政策成效、政策影响相关的理论渊源，第三节构建本研究理论分析框架。

第二部分，密云水库流域"稻改旱"政策概况分析（第3章）

第3章，密云水库流域"稻改旱"政策实施概况。第一节分析密云水库流域"稻改旱"政策提出的背景，第二节介绍"稻改旱"政策实施过程。

第三部分，"稻改旱"政策节水效果评估及微观机理探究（第4章、第5章）

第4章，"稻改旱"政策节水效果：村域层面。第一节是本章分析思路，第二节介绍密云水库上游来水量变化，初步判断政策实施成效，第三节为样本区域"稻改旱"政策节水效果定量核算、推算政策整体节水效果，第四节分析政策节水效果年际变化及原因，第五节为本章小结。

第5章，"稻改旱"政策节水效果：农户层面。第一节为本章理论分析，第二节为"稻改旱"政策对农户种植结构调整影响研究实证分析，第三节为"稻改旱"政策对农户节水技术采用影响实证分析，第四节为本章小结。

第四部分，"稻改旱"政策收入影响评估（第6章）

第6章，"稻改旱"政策对农户收入的影响。第一节为本章分析思路，第二节对"稻改旱"政策前后农户生产经济行为和农户收入进行描述性统计分析，第三节评估"稻改旱"政策对农户收入水平和结构的影响，并探究政策对农户收入影响的异质性，然后分析政策对农户收入影响的可能路径，第五节为本章小结。

第五部分，"稻改旱"政策可持续性评价及改进措施（第7章、第8章）

第7章，"稻改旱"政策可持续性评价。第一节根据政策实施效果、局限性对政策进行可持续性评价，从"稻改旱"政策成效、政策经济影响两方面分析政策可持续性，第二节介绍提高"稻改旱"政策可持续性的改进措施，第三节为本章小结。

第8章，研究结论与政策建议。第一节归纳本研究主要结论，第二节针对研究结论提出相关对策建议，以期为"稻改旱"政策改进、政策在其他地区推广提供决策参考，第三节分析研究存在的不足，并对下一步研究进行了展望。

1.5 研究方法、数据来源与技术路线

1.5.1 研究方法

本文的研究方法主要包括以下四种：文献分析法、统计描述方法、实证研究法和规范研究法，以下对每种研究方法作具体的说明。

(1) 文献分析法

文献分析法基于整理的特定主题的文献资料进行研究，以理解研究对象的性质和状况，并从中引出拟陈述研究观点。本文利用文献分析法详细梳理了"稻改旱"政策本质、农户行为、政策影响相关的理论，对本文研究相关的政策发展历程、农户生产适应行为、政策节水效果和政策影响等国内国外文献资料进行了分类汇总，并且总结了已有研究取得的成果。在此基础上提出已有研究不足，结合当前我国农业部门和非农部门水资源竞争态势寻找研究切入点。

(2) 统计描述法

统计描述法是指将已有的现象、规律和理论通过自己的理解和验证，给予叙述并解释出来，以便探寻研究问题或现象趋势性的规律、定向地提出问题。本研究在实证模型结果分析前通常辅助以描述性研究法，第 4 章中描述分析了"稻改旱"政策前后区域农作物类型、农作物种植面积和灌溉用水定额等情况，并发现了政策实施区域农业用水量减少的趋势。第 5 章中通过描述性研究法分析了农户政策前后种植结构变化、节水技术采用情况，并为政策节水效果微观机理问题研究提供了实证基础。第 6 章中通过参与政策农户与非政策农户收入的描述统计分析，发现了政策对农户收入改善的趋势性规律，为计量模型回归提供了参考依据。

(3) 实证研究法

针对研究的主题采用的具体计量经济学分析方法说明如下，为了探究第 5 章中"稻改旱"政策对农户种植结构调整影响，本书运用了多元线性回归法。此外，为了分析第 5 章"稻改旱"农户节水技术采用影响因素，本书采用了二元离散 Logit 模型，并且，利用了线性方程模型（LPM）检验了"稻改旱"政策对节水技术采用影响实证模型结果的稳定性。另外，为了厘清第 6 章中"稻改旱"政策对农户收入影响，本书不仅使用了传统的多元线性回归模型、分位数回归模型分析了政策实施对农户收入均值和收入分布的影响，考虑到研究问题可能存在的内生性问题、样本选择偏误问题，本文采用了倾向匹配倍差模型（PSM－DID）识别政策对农户收入水平和结构的影响，而且，使用了不同匹配方法检验了政策评估结果的稳定性，保障了"稻改旱"政策经济影响实证结果的科学性。

(4) 规范研究法

基于规范研究法分析了两个方面的内容，首先，运用规范研究法描述了第3章密云水库流域"稻改旱"政策提出的背景、政策实施内容、运行与管理状况，以此为下文政策节水效果和农户收入影响的实证研究提供基础。另外，还通过规范研究法总结归纳出第7章"稻改旱"政策的整体效果，对政策可持续性进行评价，提炼出推动"稻改旱"政策可持续推进的措施与启示。

1.5.2　数据来源

(1) 宏观数据

宏观数据主要包括样本县社会经济、水资源和"稻改旱"政策三方面的基本情况，本研究所用宏观数据说明如表1-4所示。政策方面的资料包括覆盖面积、乡镇村户信息、补偿方式和补偿标准、农业节水项目投资等数据，数据来源于河北省承德市水务局和两个样本县社会经济统计数据，水资源方面情况包括流域规划、水资源管理方案等数据资料，数据来源于样本县水务局、历年《北京市水资源公报》和海河水系水文年鉴。

表1-4　宏观数据说明

内容	指标	数据来源
社会经济	水田、旱地面积，种植结构 人均纯收入，主要农作物产量	县农牧局，乡镇农经办
水资源	北京市取用水 密云水库各水系流入流出 密云水库流域上下游生产生活生态用水 流域规划，水资源管理方案	样本县水务局 北京市水资源公报 北京投入产出表 海河水系水文年鉴
"稻改旱"政策	覆盖面积，乡镇村户信息，补偿方式和补偿 标准，农业节水项目投资	河北省水利厅 北京市水务局

注：数据对应时间范围为2005—2017年。

(2) 微观调研数据

微观调研数据来自2018年7—8月密云水库流域"稻改旱"政策覆盖的丰宁县、滦平县两个样本县实地调查，基线数据来自课题组收集的2006年数据，政策实施后数据来自2017年，调研具体步骤如下：2018年3月对一个样本县、乡镇和村预调研，7月中旬对丰宁县和滦平县正式入户实地调查。为了全面、系统地掌握"稻改旱"政策实施情况，正式调研设置了三套问卷：农户问卷、村问卷、县级和乡镇座谈提纲。

①抽样方法。为了确保抽样样本的代表性，本书采用县乡镇村分层随机抽

样，村内农户等距抽样方法确定样本。具体抽样方法如下：首先，以密云水库上游实施"稻改旱"政策的张家口和承德市为研究总体，考虑到参照组农户的可得性，选择了滦平、丰宁 2 个县为样本区域。具体而言，密云水库上游主要有潮河和白河两条河流，由于灌溉条件的便利和耕作的传统，潮白河农户在地理位置上呈沿河两岸分布。"稻改旱"覆盖区域约 80% 处于潮河流域，较少一部分位于白河流域，此外，近年来白河流域已几乎无种植水田的研究参照区域，因而不具备抽样的条件，所以本书研究重点关注潮河流域的样本。潮河沿岸的农户主要聚集在承德市的丰宁县和滦平县，其中丰宁县境内包括黑山嘴镇、大阁镇、南关乡、胡麻营乡、天桥镇 5 个乡镇，滦平县境内包括虎什哈镇、马营子乡、付家店乡、巴克什营镇 4 个乡镇。其次，以是否参与"稻改旱"政策确定样本乡镇，参与政策的为处理组，未参与政策有水稻种植的为参照组。每个县中处理组抽取 4 个乡镇，参照组抽取 3 个乡镇，共抽得有效乡镇 14 个，其中滦平县的处理组包括：虎什哈镇、巴克什营镇、马营子乡和付家店乡，参照组为：张百湾镇、金沟屯镇、西沟乡；丰宁县处理组为：南关乡、黑山咀镇、天桥镇、胡麻营乡，参照组为：凤山镇、波罗诺镇、汤河镇。最后，确定样本村与农户。具体而言，将样本乡镇的全部村庄按 2017 年农民人均纯收入排序，分为高、中、低收入三组，在每一个组中随机抽取 2~3 个村庄，在每个样本村庄中，采用随机等距抽样方法抽取样本户，处理组中每村选 12~15 个农户，参照组乡镇中每村选 12~18 个农户。综上，样本总量为 786，其中，处理组样本量为 392，参照组样本量 394。

②调研对象与内容。本书设计了县级/乡镇层面、村级层面和农户层面三套问卷，其中，县级/乡镇层面问卷以县水务局管理人员、乡镇水利、乡镇农业经济部门人员为访谈对象，内容包括县/乡镇农业政策、农业耕作制度、"稻改旱"政策实施情况、农户收入情况、就业条件、农作物种植用水情况。村级问卷以村支书、主任和会计等村干部为访谈对象，内容涉及村级农田水利设施、节水技术采用情况、农业生产、村经济状况等。农户问卷以户主或了解家庭基本情况的成年人为访谈对象，具体内容涉及家庭基本信息、地块特征、农业生产投入产出情况、非农就业状况、家庭消费、资产情况和"稻改旱"政策参与情况与补偿标准等。

③数据采集与说明。本书采集的一手数据具有较高的科学性，因而，结果分析所用数据的精度较好。具体说明如下，首先，在正式开展调查前对所有调研员进行严格的室内培训，在调研地区再次开展实地培训。其次，调研选用了较为科学的抽样方法，即县、乡镇、村分层随机抽样，村内农户等距抽样。样本村内抽样农户的确定借助农户家庭地理位置以及所有住户清单，具体而言，绘图采用中科院地理所研发的地理信息抽样系统，借助 3G 技术实现样本主体

的空间地理信息收集，借助高精度数字化影像图和矢量地图，调研员再利用电子平板仪和 GPS 定位采集高精度的测量电子数据，进而生成高质量矢量底图。基于绘图工作生成的住户清单列表采用等距抽样的方法随机抽取农户。接着，参照组样本的确定是本文样本选择的关键，参照组样本的确定方法是根据政策实施区位图在政策村或乡镇的地理边界邻近范围寻找非政策村或非政策乡镇作为参照组，参照组样本农户的确定采用上述同样的抽样方法。最后，收集的数据进行清理后再使用，数据清理的内容主要包括问卷填写规范检查、数值范围检测、数据逻辑关系确认、异常值处理，较大的样本使得样本农户个人数据均值收敛于总体均值。

1.5.3 技术路线

基于上述研究思路、研究内容和方法，设计如下技术路线，如图 1-2 所

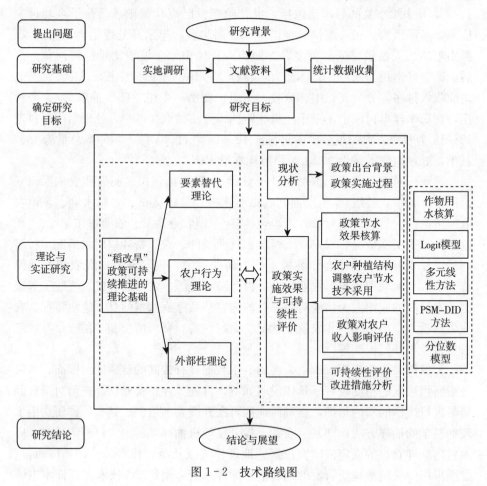

图 1-2　技术路线图

示。技术路线主要可以分为六个步骤，第一步，通过研究背景的分析确定本文选题；第二步，根据已有文献、调研数据和统计数据收集确定本文的研究目标，形成本文的研究基础；第三步，在概念界定和相关理论基础上构建本研究理论分析框架；第四步，梳理政策和现状分析，以密云水库流域上游"稻改旱"政策为例，厘清政策提出背景和发展概况；第五步，进行实证分析，基于理论分析框架，从"稻改旱"政策节水效果、"稻改旱"政策对农户收入影响两个方面分别考察政策实施效果，在此基础上，对政策可持续性进行评价，并提出提高政策可持续性的改进措施；第六步，提炼研究结论并提出政策建议，即根据上述研究结果归纳本书的主要结论，据此提出政策建议，以期为优化水资源可持续利用提供决策参考。

1.6　可能的创新

其一，研究视角。采用村级尺度和微观农户尺度综合分析视角，探究"稻改旱"政策节水效果及其微观机理。村级尺度政策节水效果核算中将自然科学和社会科学两个学科相交叉，即分析政策节水效果时既考虑了自然科学上的气象、水文、作物生理等因素，也考虑了社会科学农业生产变迁因素的影响，使得政策节水效果核算结果的精度更高。

其二，研究内容。当前研究多集中在"稻改旱"政策发展现状、问题、政策影响等相关问题，但从微观个体层面探究政策成效的机理研究较少，本文通过农户种植结构调整和节水技术采用两个方面的用水适应行为分析，厘清了政策节水效果微观机理。

其三，研究方法。"稻改旱"政策影响评估一般直接比较政策前后农户收入变化，难以更科学、更精准识别政策实施的真实效果，本研究通过倾向匹配倍差模型评估政策对农户收入的影响，减少了自选择、反向因果等问题，较好地解决样本偏差问题，提高了政策影响评估结果有效性。此外，研究数据上本文基于地理信息系统技术进行末端抽样，减少抽样误差，获得的微观数据精度更高。

第 2 章

概念界定与理论基础

为了更好地开展下文的研究，本章对与本研究密切相关的核心概念、理论基础和理论分析框架进行了详细的梳理，具体分为三个部分：第一部分，界定了"稻改旱"政策、节水效果概念；第二部分，回顾了要素替代理论、农户行为理论、外部性理论等理论；第三部分，在概念界定和理论基础上围绕本书的核心内容构建了一个完整的、逻辑清晰的理论分析框架。

2.1 概念界定

明晰本文的研究对象和核心概念是开展理论和实证研究的基本前提，"稻改旱"政策、节水效果是与本文研究内容相关的两个核心概念，本节将对其概念外延给出明确的界定，为下文理论和实证分析提供研究基础。其中，"稻改旱"政策内涵将围绕政策背景、政策思路、政策目标、政策相关利益主体以及政策的原则等内容进行阐释，节水效果的含义将从节水、农业节水和"稻改旱"政策节水效果三个方面的内涵展开。

2.1.1 "稻改旱"政策

(1) "稻改旱"政策的定义和目标

"稻改旱"政策是一项由政府进行政策制定、政策调控和地方实践结合的政策，政策实施的思路是在政府主导下，由非农部门政府提供资金、设备或技术支持，鼓励农户的水田改为旱作作物以此减少农业部门用水，促进农业部门节约用水，并将农业节水量有偿调给非农部门使用（石腾飞，2018；Wang，2018）。从水资源重新配置分类来看，"稻改旱"政策属于按交易性质划分的准市场型，兼有政府和市场特点。"稻改旱"政策以节水增效、改善参与政策主体经济福利为核心目标（Venkatachalam and Balooni，2017），政策具体目标如图2-1所示。政策的节水增效目标具体体现为转移的水资源量最大、成本最小化和水资源整体配置效率提高，转移水量的优化需要明确农业部门节水量，而成本的最小化目标则要求核算成本有效性。水资源重新配置效率的优化指的是"稻改旱"政策实施过程是一个水资源跨区域、跨部门优化利用的过程（Zheng et al.，2013），即单位经济效益相对较低的农业水资源通过各种不同途径转向单位效益较高的工业、生活和生态等非农业用途的过程（Howe and Goemans，2003；Flörke et al.，2018）。同时，政策也兼顾农业可持续、水资源可持续等其他目标，农业可持续关注粮食安全和农业环境保护两部分内容。从政策实施过程的角度来看，"稻改旱"政策伴随着农业耕作制度变化，具体包括种植农作物的土地利用方式以及有关的技术措施等的改变。从交易的角度来看，"稻改旱"政策的本质是农业水权的转让（肖国兴，2004；冯文琦和纪昌明，2006），即农业水权所有者将水资源使用权有偿转让给非农用水主体或部门。

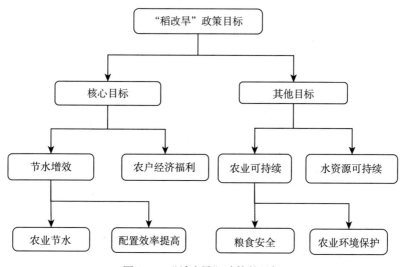

图 2-1　"稻改旱"政策的目标

（2）"稻改旱"相关利益主体

"稻改旱"政策涉及的相关利益主体主要为农业部门和非农部门，此外，还在两者之间设立第三方负责水资源转移协调工作。利益相关者最早由斯坦福大学研究所于 1963 年提出（Freeman，2010；Dai et al.，2017b），该词引申到经济学中其定义指的是没有其支持组织就无法生存的、与企业有密切关系的所有者。1983 年美国经济学家 Freeman 在前人基础上进一步丰富了该词内涵，首次提出了广义利益相关者，其内涵是指左右组织目标完成或是受组织目标影响的个人和群体，两者的关系体现在组织的决定、方针或措施影响个人或群体，反而言之，这些个人或群体也会影响组织的决定、方针或措施（张宁等，

2016），该定义也成为"利益相关者"一词在 20 世纪 80 年代后期和 90 年代初期的标准定义。图 2-2 为政策主要利益相关主体关系，其中，农业和非农部门两个主体之间是水资源直接的供需关系，农业部门是转移水资源的供水方，而非农部门是受水方，农业水资源的供水方都必须具备水权主体资格，两个主体之间也是利益联结关系（刘璠等，2015；潘海英和叶晓丹，2018）。第三方则既可以是一定的水权主体，也可以是不拥有水权的其他个人、法人和非法人组织等利益相关群体，通常第三方主体以地方政府、自然资源部门、环保部门和咨询评估部门、村集体和用水协会等为主。第三方主体在供需双方之间扮演协调角色，与农业部门之间是政策执行管理、交易契约签订的关系，而与非农部门之间关系体现为政策进展共享、政策调整反馈，作为利益相关者协调影响着"稻改旱"政策后期执行难度，左右着政策节水成效和政策对参与主体的影响（刘静等，2008）。

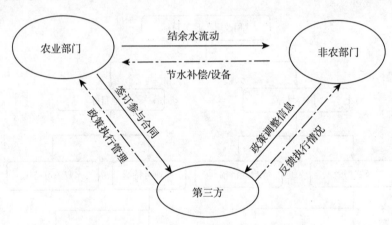

图 2-2 "稻改旱"政策相关利益主体关系

(3)"稻改旱"政策的原则

"稻改旱"政策作为一种水资源重新分配的管理工具，该工具在生产实践中的引入将打破已有的农户生产均衡，改变农户生产中的资源约束、要素禀赋。为了维持生产目标、重新回归生产均衡，农户将产生一系列生产适应行为。结合农户生产适应行为定义及政策特点，本书界定的农户生产适应行为采用按形式标准划分的分类结果，农户生产适应性行为是指在"稻改旱"政策实施后，农户为了家庭生产稳定运行和获得较好的经济效益所采取的一系列措施的统称，农户生产适应行为重点关注水资源、土地、劳动力和资本不同要素配置的变化。

作为一种水资源在不同利益相关主体之间重新配置的政策，"稻改旱"政策的原则要遵循效率、公平和可持续。经济学中，效率可以分为两种：资源的配置效率和生产组织效率（曼昆等，2012），政策经济学中效率含义特指资源配置效率。效率一词含义指的是最有效地使用社会经济资源满足人类的愿望和需要，即在给定技术条件下，社会经济资源配置中投入与产出、所费与所得的关系，一定的社会经济资源投入最大化产出、最大程度的满足利用（刘慧龙等，2014）。结合效率的定义、政策的特点，本书中"稻改旱"政策满足效率原则指的是政策中水资源配置效率要实现最优，即一定政策成本投入下政策成效最大化，或一定政策成效下政策成本最小化。公平指的是产品或资源的分配应该按照一定的方式进行，并且合乎人类的伦理和道德准则（范里安等，2015）。"稻改旱"政策要遵循公平原则指的是分配有限水资源过程中均衡各方主体利益关系，尤其是水资源受让方与供水方之间。水资源跨部门重新配置不以一方获利一方受损，尤其是要兼顾相对弱势群体一方的利益，不以牺牲农户总经济福利为代价，避免政策对农业部门可能产生的负面影响。可持续的含义是一个过程或状态可以长久维持（Liu et al.，2018；秦欢欢等，2019），"稻改旱"政策的可持续原则指的是政策引入后，政策满足稳定持久推进或实施的条件和能力。具体而言，政策可持续内涵包括政策调控具有灵活性，政策管理主体明确、政策管理权清晰。总体而言，"稻改旱"政策引入和实施后，对于政策评价首先围绕效率、公平两个原则展开评估分析，然后以可持续为原则，对政策可持续推进进行路径优化。"稻改旱"政策中如何实现效益最大化同时又不牺牲公平是水资源管理的挑战，在公平和效率基础上探究政策推进的可持续性，对水资源—经济—社会协调发展具有重要的意义，也是政策在其他地区稳定推广实践的基础。

2.1.2 节水效果的内涵

界定节水效果概念前首先需要明晰水资源一词的含义，水资源的定义因视角、用途和领域不同而有所不同。《大不列颠百科全书》基于自然属性的视角将水资源定义为自然界中气态、液态和固态等一切形态的总和，《中国大百科全书》从社会属性和经济属性的视角将水资源定义为地球表层可供人类利用的水，是一年中可更新的水量资源，联合国教科文组织（UNESCO）从"量"和"质"的视角，将水资源的概念界定为可以或者是可能被利用，并且具有足够数量和可用质量，适合某地水需求而长期供应的水源。结合不同定义，本书中水资源概念界定为某特定区域一定时间段内地表水资源与地下水资源补给的有效数量。本研究主要针对河北省向北京市转移水产生的政策效果而展开研究，本研究所指的水资源主要是指地表水和地下水可利用量。节水一词的含义是指在合理的生产力布局与生产组织前提下，为了最佳实现一定的社会经济目标及其可持续发展，通过采用多种措施，对有限的水资源进行合理分配与可持续利用，减少用水量（王金霞等，2005）。其中，采用的措施主要包括行政、技术和经济等管理手段（王广金和王心农，2011）。农业节水中用水量的概念指的是用水对象在一个完整周期内的总耗水量，该周期指的是从上一茬作物收获到本茬作物收获日这段时间。

农业政策的节水效果是指政策实施产生的农业用水量的效果，用政策实施前后农业生产中水资源消耗变化程度衡量。农业用水量测算研究因研究尺度不同而有所差异，常用的研究尺度包括区域或产业尺度、微观农户尺度。区域或产业尺度农业用水量测算通常要涉及农作物类型、灌溉面积、种植方式和灌溉用水定额等指标，农户尺度农业用水量测算一般涉及种植结构调整、灌溉来源、灌溉节水技术等内容。在区域或产业尺度研究中，农作物类型主要包括粮食作物和经济作物两个大类，粮食作物又具体包含谷类作物、薯类作物和食用豆类作物三种，其中，谷类作物比重最大，谷类作物例如水稻、玉米、小麦等，经济作物具体包括油料作物和蔬菜作物两种。关于灌溉用水定额，节水效果相关概念中灌溉用水定额是最重要的指标之一。灌溉用水定额是指在规定位置和规定水文年型下核定的某种作物在一个生育期内单位面积的灌溉用水量（Alarcón et al.，2014），该指标在表征灌溉用水时具有科学性、合理性和可比性等优点，是农业用水管理的微观指标（王海永等，2018）。其中，科学性体现在该指标计算原理中水的运输和配置和渠系特点一致，土壤补充水资源值满足农作物水资源需求量要求。合理性特点反映在其技术和经济上具有切实性，指标构建原则要求农业灌溉量与现有的技术条件和经济水平相呼应。而先进性表现为技术和管理的前瞻性，强调灌溉水的高效利用，可比性显示在该指标是一个具有普遍意义、客观的用水量比较标准。针对农户尺度的节水，研究发现农户节水常采用的行为包括两个方面，一方面是农业种植结构的调整，即高耗水作物种植比例的降低或低耗水型作物种植比例的增加，另一方面是灌溉节水技术的采用（Banihabib et al.，2016）。

结合本书的研究对象，"稻改旱"政策的节水效果根据研究尺度和视角的不同包括两个层面的内涵，其中，区域层面"稻改旱"政策的节水效果是指水稻改为旱作对区域农业用水的影响的总称。政策总节水效果是参与"稻改旱"政策农户节水中来自政策影响部分的效应加总，因此，农户层面政策节水效果指的是政策对改旱农户节水行为影响的总称。需要说明的是，"稻改旱"政策节水效果中观视角核算中采用灌溉用水定额为核算指标。另外，考虑水文系统的整体性，农户用水来源界定为农户取用地表和地下水的水资源量。农户节水行为包括种植结构调整和节水技术采纳两类，进而，农户节水效果不仅包括种植结构调整带来的直接农业节水，还包括政策节水技术采用带来的政策节水效果弹性调控区间增大。微观视角政策节水效果研究在农户层面研究分为两个部分，一部分为政策对农户种植结构调整作用研究，另一部分为政策对农户节水技术采纳影响研究。

2.2　理论基础

2.2.1　要素替代理论

要素替代理论产生于 20 世纪 30 年代，该理论产生的基础是在采用经济学中的替代原则对区位理论进行综合与发展，本质是一种区位决策理论。要素替代理论认为，要素替代的内涵是指某个行为主体或产业部门在产量衡量的条件下改变各种生产要素投入对应的行为总称（Klump et al.，2000）。以常用的资本和劳动力两种投入要素为例，要素替代关系可以用这两种生产要素对应的等产量曲线衡量，根据等产量曲线原理，在产量恒定条件下增加一种生产要素的投入，要减少另一种生产要素的投入，为了定量衡量不同生产要素之间替代程度的大小通常借助要素替代弹性指标（陈晓玲等，2015）。要素替代理论认为要素之间的替代弹性对经济有增长效应，具体而言，要素之间的替代弹性大小对经济增长具有效率效应和分配效应（Irmen，2005）。根据资源要素应用领域重要程度的不同，要素替代满足如下先后次序：重要领域、次要领域、一般领域。由于要素稀缺程度差异会产生不同的社会经济生态效益，因而为了整体效益的最优化要素替代通常要满足一定的要求，例如普遍要素可作为稀缺要素的替代，生产周期短的要素可作为生产周期长要素的替代，效益大的要素可作为效益小的要素替代。在满足产品需求时，不同资源要素之间会产生替代，而这一替代效应产生的经济学本质是在产品生产中，不同生产要素拥有相同的作用，而在不同产品生产过程中同一个生产要素的作用不同。另外，针对不同产出品相同生产要素功能角色差异，部门结构调整和要素重新配置的思路主要有五种：直接替代、间接替代、可逆替代、等比例替代和非等比例替代。总体来看，该理论的核心思想包括如下三点，第一，参与替代的要素之间要求其同功能并不同价值，替代之后经济效益发生改变。第二，替代发生后要素系统经济效益有所增加。第三，要素替代前后整个系统能量守恒。

结合本书的研究内容，要素替代理论为本研究"稻改旱"政策内涵探究、政策实施后农户生产适应行为以及政策节水效果分析提供了理论基础。"稻改旱"政策本质上是一个要素不断替代的过程，政策实施中追加其他劳动力、土地、资本等非水资源要素将水资源要素在农业生产中替换出来，促进农业部门节水，进而农业部门和非农部门之间水资源转移得以持续进行。政策实施中随着农业部门水资源转移，参与政策农户生产行为也呈现出生产要素不断替代的特征，"稻改旱"政策对农业生产中的劳动力、土地、化肥农药、机械、技术等要素供给和资源利用上有一定的影响。"稻改旱"政策节水效果产生是其他非水资源要素对水资源要素替代的结果，政策设计思路是农业生产中发生水资源高耗水耕作向水资源耗水少的耕作转变，结合经济学等产量曲线原理，在参与政策农户产量保持不变条件下，水资源要素减少，而其他生产要素投入增加，政策节水效果来自政策前后水资源变化，水资源变化量由追加的一种生产要素或者多种生产要素替代出来。

2.2.2 农户行为理论

掌握农户生产行为变化的核心是理解农户行为动机，而农户行为理论是农户行为动机的科学依据，因而需要对农户行为理论进行梳理。经济学中，经济人假设是最基本的假设，该假设最早由美国的经济学者亚当·斯密提出。研究农户行为前首先要考虑农户行为是否符合经济学的前提假设——经济人假设，其含义是经济主体的行为受经济利益的驱动，经济主体决策时追求成本投入或劳动付出产生的效用最大化。学术界根据农户是否符合经济人假设的不同主要分为三个派别：生存小农学派、理性小农学派、综合小农学派，不同派别其理论的内涵也具有较大的差异。

生存小农学派，又称为道义小农学派，学派突出的研究人员代表是苏联恰亚诺夫，其经典作品是《非资本主义经济制度理论》和《农民经济的组织》。生存小农学派最早产生于20世纪20年代，随着西方国家兴起不发达社会学和农民学，20世纪60年代恰亚诺夫在该领域的重要性又一次被突出，并且掀起了"恰亚诺夫热"（王春超，2011）。而恰亚诺夫在这个学派被本国认可在其理论提出60年后才开始，标志性事件是20世纪80年代末苏联为恰亚诺夫在内的15名农业经济学家平反，自此，恰亚诺夫成为公认的农户行为理论生存小农学派的奠基人。该学派的主要内容是农户生产的主要目标是满足家庭消费，生产目标函数是风险最小化而不是利润最大化，此外，当家庭消费需要被满足时，增加生产要素投入的动机会消失。除了恰亚诺夫，利普顿也是该学派的一名重要的经济学家，他对该理论的重要贡献集中体现在《小农合理理论》这本著作中，他认为小农的生产行为满足"生存法则"，农户生产以风险厌恶为长久发展的基本前提。

理性小农学派，亦称营利小农学派，以美国经济学家西奥多·舒尔茨为该学派杰出代表人物。舒尔茨关于理性小农的主要思想集中在其1987年发表的著作《改造传统农业》，该理论核心思想是，假设小农满足"经济人"假设，农户的生产以利润最大化为目标，农户生产要素行为以成本—收益为导向，并且追求帕累托效率。《改造传统农业》指出，落后的传统农业中，小农是精致利己、理性，该本书以危地马拉的怕那加萨尔和印度的塞纳普尔农户生产为例，论证得出"传统农业是贫穷而有效率的"（舒尔茨，2006）。在此基础上，他揭示传统农业落后的真正缘由是当农户发现农业生产存在风险和产量不确定后，由于其理性人的属性通常不会采用新的生产要素。除了西奥多·舒尔茨，该学派第二个代表人物是美国的经济学家波普金，他的经典作品是出版于1979 年的《理性的小农》。《理性的小农》以越南前殖民地时期、殖民时期和早期工业革命时期小农社会为研究对象，在该书中波普金发展了理性农民行为模型，并且展示了乡村生活形态如何形成了农民自利的行为模式（Popkin，1980）。在乡村社区中，与特殊的农民道德模式相比，这种农民行为的政治经济学模式可以从根本上保证农民个人利益的落实。

综合小农学派批评和吸收前两种学派，该学派以美国农业经济学家黄宗智为杰出代表人物，其代表性作品是《长江三角洲小农家庭与乡村发展》和《华北的小农经济与社会变迁》，该学派的主要观点是，小农的行为及其动机的研究的理论依据不应只建立在消费者行为理论，还需要将该理论与企业行为理论融合发展，并以此作为农民行为理论的基础（黄宗智，2000a；黄宗智，2007）。在中国，农民的家庭收入由两部分构成，一部分是农业收入，另一部分是非农就业收入，家庭总收入中非农就业收入与农业收入是相辅相成的关系（黄宗智，2000b）。

综上，本书研究的主要内容是资源跨部门重新配置后政策成效及影响分析，研究中"稻改旱"政策农户行为变化和行为决策机理需要依赖农户行为理论指导，生存小农学派的农户行为理论可以为"稻改旱"农户生产风险目标调控提供分析思路，理性小农学派的农户行为理论为政策农户生产目标最优化分析提供理论依据，综合小农学派的农户行为理论为政策农户行为经济结果探究提供理论基础。因而，三个派别的农户行为理论为本书研究奠定了理论基础，对筛选合适农户适应行为、促进区域资源与经济可持续发展、推动水资源跨地区跨部门优化配置有重要的作用。

2.2.3　外部性理论

经济学理论中，外部性也可称为外在效应或溢出效应，关于外部性定义学术界没有统一的界定。外部性理论最早由亚当·斯密提出，他指出在个人追求自身福利时有一只"看不见的手"会导致其他社会成员的福利增加（李雪松和高鑫，2009），该理论的隐含假设是单个经济活动主体的经济行为对于其余个人的经济福利没有任何影响。由于该定义的隐含假设在现实中不能成立，因此，经济学家又在此基础上进一步拓展。尽管不同经济学家对外部性给出了不同的定义，但总体来看，外部性概念的本质思想是某个经济主体（例如国家、政府、企业或个人）的经济活动对其他经济主体的经济福利产生正面或负面的影响，由正面影响获得利益或负面影响导致损失却不是由该经济主体得到或担负，而是一种非市场化的影响（周玉玺等，2002；雷玉桃，2005）。

在外部性理论发展过程中许多经济学家对此理论做出了重要贡献，其中马歇尔、庇古和科斯三位经济学家对该理论的发展具有里程碑意义。第一位经济学家马歇尔对此理论的贡献体现在，首先他于1890年提出了"外部经济"概念，即企业扩大生产规模时，因其外部的各种因素所导致的单位成本的降低，这成为外部性概念的源头（林成，2011）。其次，他考察了外部因素对本企业的影响。最后，他从企业内部分工和企业间外部分工视角考察企业成本变化。第二位经济学家庇古的贡献体现在，一方面，他首次提出用福利经济学的视角系统研究外部性问题，拓展了外部不经济的概念和内容。另一方面，他通过分析边际私人净产值和边际社会净产值的背离诠释外部性。庇古关于外部性理论的主要思想整体称为"庇古税"理论，该理论的局限在于庇古税实际执行效果与预期存在很大偏差，并且其在实践应用中或许会产生寻租活动，进而带来资源利用程度大幅缩减，并且会破坏或干扰资源的配置（刘学敏，2004）。第三位经济学家科斯对外部性理论的贡献集中体现在"科斯定理"中，该定理的主要思想是如果交易费用为零，无论权利如何界定，都可以通过市场交易和自愿协商达到资源优化配置（郭思哲，2014）。反之，如果存在交易成本，那么制定合理的制度是实现外部效应内部化的重要路径。外部性问题的存在会阻碍资源的优化配置、产生市场失灵，因此需要采取经济政策改进或矫正外部性，以便将外部成本内在化。结合三位经济学家的外部性理论的思想，外部性成本内部化主要依靠三种途径：补贴、征税和明晰产权。庇古指出征税和补贴可以用来减少负外部性，实现市场对资源优化配置。相对庇古税，科斯认为解决外部性问题内部化的方式为市场交易形式，即自愿协商。

为了促使外部性问题研究更深入，通常将外部性进行分类，根据其表现形式不同，可从影响方向、产生领域、产生条件等角度进行分类（沈满洪，2006）。其中，按影响方向的分类标准最为常用，具体而言，外部性按影响的方向可以分为正外部性和负外部性，正向外部性的含义是某经济主体的经济活动使得其他经济主体受益，而受益者没有付出代价（赵成和于萍，2016）。相应的负向外部性的含义是某个经济主体的经济活动导致其他经济主体受损，而造成负外部性的人却没有为此负担成本（江家耐，2010）。水资源在部门之间的重新配置中，只有实现外部效应内部化才能真正达到资源高效配置的目的。关于水资源重新配置政策过程中外部性问题，部分学者将该类外部性概括为五种形式：经济外部性、环境外部性、流域水存量外部性、代际外部性和取水设施投资外部性。

　　结合本文的研究对象来看,"稻改旱"政策的引入和实施以实现水资源跨部门跨地区优化配置为导向,是一个兼有政府顶层设计和地方市场实践的政策。"稻改旱"政策实施中外部性的形式主要包括经济外部性、流域水存量外部性和取水设施使用等,其中政策、政府寻租行为存在往往产生政策经济外部性,而水资源的流动性自然属性是流域水存量外部性的主要原因,此外政策调控区域界线界定不是十分明确,区域外的农户免费使用政策节水设施设备,引起取水设施使用外部性。政策推进中"公共池塘"和外部性问题一直是政策决策棘手问题,政策外部性的存在可能导致市场对水资源的配置失灵,阻碍"稻改旱"政策可持续推进。"稻改旱"政策可持续推进路径优化要求政策外部效应实现内部化,根据外部性理论,政策外部性内部化路径可以考虑市场与政府干预相辅相成机制,从政府干预层面来看,政府采取补偿机制矫正政策的负外部效应。从市场机制层面来看,建立水市场,运行正式水权交易,使得交易水资源价格市场化,充分发挥政府干预和市场工具优势,促进水资源配置效率提高、政策成效和经济福利目标双赢。

2.3　理论分析框架

　　在全面回顾和评述相关理论和既有文献之后,本节试图构建一个完整的理论框架,将"稻改旱"政策、节水效果和农户收入影响三个主题有机的整合起来,进而建立起一个逻辑完整的分析框架。本研究对参与政策农户生产适应行为假定农户为理性小农,农户在风险可控的前提下生产过程中追求利润最大化。需要说明的是本研究所指的农户不是个体层面的农户,指的是基于家庭层面的农户。

　　"稻改旱"政策的节水效果,其实质是农户节水行为或决策的调整及其带来的水资源消耗的影响。"稻改旱"政策的节水效果分解到个体层面即是每个参与政策农户节水效果,取决于农业生产中节水,"稻改旱"政策本质上是农业部门和非农部门之间水权交易,来自农业部门的节水量是交易的主要标的。水权是产权制度在水资源领域的应用,其作为一种社会工具,主要特点是帮助相关利益主体交易中形成合理的预期,从而实现外部性较大内部化的激励(德姆塞茨,1994;Keith,2014)。由此可见,激励功能是农业水权制度的重要功能,该激励属性的存在使得其可以为政策中水资源出让方,即为农户提供一定的节水收益预期,进而激励农户采用节水行为、增加水资源的供给。结合本书的研究对象和研究内容,本研究所指的农户节水行为或决策是农户对农业种植结构的调整、节水技术的采纳。本书提出假设:基于资源环境约束的农户参加"稻改旱"政策并受到补偿之后,农户会选择节水的生产适应行为,增加低耗水作物种植比例、采用节水技术，从而减少农业生产中农业用水，对政策节水效果产生正向影响。

"稻改旱"政策节水效果的分析对应政策的第一个核心目标，在此基础上为了回答政策的另一个核心目标完成情况，本书将政策对农户收入的影响机制纳入该目标分析框架中。"稻改旱"政策对农户收入的影响分为政策引入阶段、农户生产适应阶段和农户收入影响三个阶段，第一阶段是政策初期引入阶段，"稻改旱"政策发生在上游农户和下游用水户两类主体之间，政策实施以密云水库流域上游农户种植结构调整节约农业用水量，"稻改旱"政策实施伴随着作物变化，"稻改旱"政策改变了上游农户生产的资源禀赋与约束条件传统均衡，下游为上游提供一定的经济补偿。第二阶段，上游农业节水进入下游，地表水、地下水、径流过程发生变化，上游农业部门农户生产资源要素减少，同时，环境约束加强。假设农户是理性的经济人，农户生产以利润最大化的目标作为生产决策依据，产生农地经营调整、农业剩余劳动力转移等适应行为。农户种植作物由传统的水稻改为旱作，其耕作制度改变带来的直接影响有两方面，一方面是由于水稻种植收益大于常规旱作，使得改旱后的农作物收入减少；另一方面是由于水稻需要更多劳动力投入，因而"稻改旱"政策的实施释放了一部分农业劳动力。受耕作制度变迁的影响，"稻改旱"农户可能会选择在参与政策的耕地上种植满足家庭多元化需求的农产品，也更趋向于种植多种商品率高的经济作物，充分利用有限的耕地和当地特色农业资源，以期在较大程度上提高家庭农业生产经营收入。同时，在"稻改旱"实施过程中，出于维持政策节水效果的动机，政策管理者会制定一些措施，使得农户生产面临政策、制度和生态环境等多重约束，在此条件下一部分农户会加强有限旱地的农地经营，还有部分农户可能会改变耕地经营面积，区域规模化、集约化和专业化的规模可能会产生。产生一定的农业剩余劳动力，如果这部分劳动力不能转移或有效转移，则这部分劳动力的边际产出为零。第三阶段，水量和土地利用方式变化，影响作物产量、非农就业的数量和时间配置，进而作用于农户的农业收入和非农收入，最终对"稻改旱"政策覆盖区域的农户家庭收入产生影响。

综上所述，"稻改旱"政策由于补偿的激励功能给农户节水提供合理的收益预期，进而激发农户节水的积极性，影响农户节水行为，个体层面农户节水效果的叠加对"稻改旱"政策整体节水效果产生影响。"稻改旱"政策对农户收入的影响来自两方面，一方面，政策的引入改变农户种植作物，农户农地经营的收益预期减少，使得农户增加对改旱耕地的经营投入增加，影响农户参与政策土地的收入；另一方面，政策的实施伴随着农业劳动力的部分释放，这部分劳动的转移影响农户劳动力配置相关的收入回报，上述两个方面的要素重新配置行为最终影响农户家庭总收入，本研究相关的理论分析框架如图 2-3 所示。

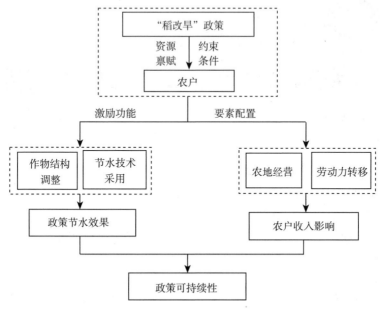

图 2-3　理论分析框架图

第 3 章

密云水库流域"稻改旱"政策实施概况

密云水库流域地处华北平原北部，属于干旱与半干旱地区，流域范围内农业部门和非农部门之间用水竞争矛盾突出，经济发展不平衡问题日益严峻，水资源跨区域跨部门重新分配亟须建立。为了缓解水资源短缺和经济发展并存的困境，河北和北京开展水资源合作，在密云水库流域上游实施了"稻改旱"政策。本章主要从密云水库流域"稻改旱"政策出台背景、政策实施过程两个方面内容分析"稻改旱"政策基本状况，为下文政策节水效果、参与政策农户生产行为和政策影响研究奠定基础。需要指出的是，密云水库流域"稻改旱"政策实施是在流域上下游农业部门与非农部门用水竞争矛盾激化下提出的，因此"稻改旱"政策出台背景从研究密云水库上游农业生产和密云水库下游非农用水的情况出发，"稻改旱"政策实施过程分析主要包括政策实施范围、实施内容、政策运行与管理等内容。

3.1 "稻改旱"政策出台背景

从 20 世纪 50 年代开始，由于人口规模增加、工业化城市化的推进，西方发达国家非农用水持续增长，在此情境下，西方发达国家开始探索有限水资源由农业部门向工业、城市等非农产业部门转移，在这一时期水资源"农转非"的实施规模相对有限。进入 21 世纪，随着工业化和城市化的高速发展，非农部门用水量急剧增加，尤其是在发展中国家。同时，水污染问题加剧了水资源短缺，而干旱为代表的自然灾害给水系统带来了更大的不确定性和脆弱性，这进一步加剧了农业部门与非农部门用水竞争，水资源"农转非"在全球范围内开展。当前，我国水资源在农业与非农部门之间重新配置仍处于市场制度建设与推进的初期阶段。从我国政策发展状况来看，我国仍处于市场制度建设与推进的初期阶段，具体表现在"稻改旱"政策在我国尚未有明确的法律法规，但是国家针对水权交易出台了一系列法律文件，这为政策出台提供了一定的法理基础。此外，政策在行政运作中存在着政府或市场失灵等问题，整体上发展水平相对较低（Wang，2018）。当前，在中国实践的主要是政府、准市场式两种模式的水资源"农转非"，2000—2007 年仍以政府行政命令式为主导，水资源配置或重新配置中对利益主体的经济激励较为缺乏，市场手段的引入仍然较少（胡继连和赵娜，2016），2007 年全球水资源"农转非"受到较大关注和推广后，准市场型水资源重新配置开始在部分地区推广，尤其是在水资源短缺、部门间用水竞争关系较为激烈的区域。

密云水库流域地处我国水资源稀缺区，是"稻改旱"政策的理想试验场。国内外水资源重新配置发展状况为密云水库流域"稻改旱"政策的出台提供了借鉴价值，密云水库流域上游"稻改旱"政策的引入是在综合考虑密云水库流域上下游用水竞争关系等因素基础上提出的。从流域上下游用水竞争关系来看，密云水库流域上游潮白河沿线有水稻种植的传统，上游农业生产使用了相对更多的水资源。同时，随着社会经济快速发展、人口规模增加和城镇化发展等因素驱动，流域下游北京非农用水供需矛盾日益严峻。下文将通过密云水库流域上游社会经济概况和下游北京用水情况两个方面内容分析，详细阐释密云水库流域"稻改旱"政策出台背景。

3.1.1　密云水库流域上游概况

（1）流域范围

密云水库流域上游指的是潮河和白河流域密云水库来水方向控制的部分，密云水库流域上游面积为 15 788 平方千米。密云水库流域上游共涉及 11[①] 个县，其中，涵盖河北省内 8 个县，北京市内 3 个县。流域两条水系中白河发源于河北省的沽源县，经赤城、延庆、怀柔流入密云水库。潮河发源于河北省的丰宁县，流经 6 个县进入水库，该河流经面积约为 12 308 平方千米，占水库流域总面积比例约为 77%。

（2）自然社会经济状况

从自然条件状况来看，密云水库上游水资源相对丰富，为农业生产提供了便利条件。密云水库上游包括潮河和白河两大水系，上游农业生产的水资源主要来自这两条水系。潮河和白河水系地处内蒙古高原与燕山地槽的地质过渡带内，主要有白河和潮河两大支流，河北省境内主要流经滦平县、丰宁县和赤城县 3 个县。流域内降雨量空间区域差异较大，降雨量较少区域总降雨量约为

---

①　资料来源于《21 世纪初期首都水资源可持续利用规划》http：//wenku. baidu. c，11 个县分别为河北省的滦平县、崇礼区、沽源县、赤城县、丰宁满族自治县、兴隆县、怀来县、宣化区以及北京市的密云、怀柔、延庆。

400毫米，较多区域约是较少区域的两倍。而且，其在时间上的特点呈现出年内不同季节异质性强、不同年份差异也比较大的特点，夏季降雨量占一年总量的比例高达80%。

从社会经济发展特征来看，整体经济发展水平较低。具体来看，流域经济以农业生产为主，工业发展较为缓慢（表3-1）。密云水库流域2017年总人口87.8万人，该流域人口密度为56人/平方千米。流域人口结构以农业人口为主，农业人口所占比例约为91.7%（国家统计局，2018）。密云水库流域上游的河北省部分总人口69万人，以农业人口为主，农业人口占91.3%。由此可见，该流域单位面积人口载重较大。分水系看人口承载水平可得，潮河水系覆盖区域人口密度更大，具体而言潮河、白河水系对应区域的平均人口密度分别为72人/平方千米、42人/平方千米，前者是后者的1.7倍，这反映出流域中潮河水系对应区域的人口、经济活动相对白河水系区域更为活跃。

表3-1 2005—2017年密云水库流域上游社会经济概况

年份	土地面积（平方千米）	乡镇数（个）	总人口（万人）	从业人员（万人）	电话用户（户）	二产增加值（万元）	财政预算收入（万元）
2005	26 478	123	268	27	542 449	1 559 070	238 307
2006	24 644	92	255	26	437 036	1 660 293	254 241
2007	24 644	139	265	27	437 452	1 997 003	356 255
2008	24 644	139	271	28	489 409	2 305 837	392 885
2009	24 327	139	272	30	623 211	2 405 357	465 386
2010	24 323	139	278	33	598 246	2 885 788	549 405
2011	24 326	139	278	34	539 638	3 455 686	697 758
2012	24 326	139	280	35	616 405	3 753 369	807 849
2013	24 326	139	261	66	517 303	4 087 937	922 065
2014	24 301	139	261	61	482 776	4 372 216	1 012 758
2015	24 290	139	261	83	464 928	4 353 979	1 101 477
2016	24 290	139	270	78	430 401	4 638 258	1 192 170
2017	24 290	139	275	73	412 553	4 620 021	1 280 889

数据来源：根据历年《中国县域统计年鉴》汇总整理。

（3）农业生产情况

表3-2为2005—2017年密云水库流域上游农业生产情况，由表可得密云水库上游农业产值逐年增长，2017年的农业增加值约为2006年的2.7倍，农业从业人数呈现波动上升的特征，农业机械总动力持续增加。从粮食总产量变化来看，2005—2017年粮食总产量增加，但在此期间粮食产量呈现较大波动。

从农业生产用水来看，密云水库流域上游农业灌溉面积为 27 万平方千米，农业用水占流域总用水量的 73%。

表 3 - 2　2005—2017 年密云水库流域上游农业生产情况

年份	增加值（万元）	农业从业人数（万人）	农业机械总动力（万千瓦特）	粮食总产量（万吨）	油料产量（万吨）	肉类产量（万吨）
2005	55.52	63.25	168.00	63.44	2.67	28.02
2006	59.61	51.46	166.00	71.84	2.19	28.74
2007	65.35	67.71	187.00	51.27	1.70	21.54
2008	79.38	59.49	200.00	85.20	2.07	22.55
2009	83.95	67.82	205.00	59.80	1.54	24.48
2010	96.33	67.22	211.00	77.61	1.71	27.07
2011	111.43	67.84	210.00	32.39	1.69	26.32
2012	125.79	68.01	210.00	28.10	1.66	26.02
2013	141.89	67.40	208.00	89.00	1.91	25.25
2014	143.53	68.03	208.00	71.39	1.54	24.93
2015	146.79	68.19	211.00	77.53	1.58	24.56
2016	155.66	68.20	210.00	99.18	1.52	24.02
2017	158.11	68.60	211.50	93.44	1.36	23.67

数据来源：相应年份《中国县域统计年鉴》。

3.1.2　密云水库下游非农用水状况

密云水库是北京主要地表水源地，即密云水库的水绝大多数提供给北京的生产和生活用水，为了阐释密云水库下游用水状况，本小节将分析北京市用水状况、水资源供给需求状况和水资源管理措施三个方面内容。

（1）北京市用水状况

从北京市历年水资源消耗量总体概况来看，用水基数大，并且呈上升趋势。图 3 - 1 是 2000—2017 年北京市逐年用水总量及用水结构，从用水总量上看，整体上，北京市用水总量呈现先下降后增加的趋势，2015—2017 年逐年增加的趋势尤为显著。具体而言，北京市总用水量由 2000 年的 40.4 亿立方米减少到 2006 年的 34.3 亿立方米。从用水结构上看，生活环境类水资源消耗量占用水总量比重近年来显示出增长较快的特征，2008 年以后其占比已超过 50%，相对于 21 世纪初已增长约 46 个百分点（徐志伟，2012）。与此同时，农业和工业水资源消耗量占总用水量比重显示出显著的减少走向，两个产业部门的用水比重分别降低了约 32%、15%。

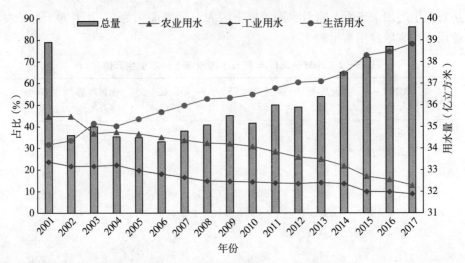

图 3-1　2001—2017 年北京市用水总量及用水结构

　　掌握北京市社会经济系统各个细分产业部门水资源消耗量变化有助于解决北京用水问题，因此下文将详细分析北京市各个产业部门用水状况。为了便于产业部门研究，将社会经济系统中各部门依据《国民经济行业分类》（GBT4754—2008）和已有研究成果进行合并处理（王晓君等，2013），将其划分为 28 个产业部门，对应的目录如表 3-3 所示。其中，第一、第二和第三产业分别包括 1 个、20 个和 7 个子产业。北京市各个产业部门之间的经济关系数据取自 2002 年至 2016 年投入产出表和相应年份的《北京市统计年鉴》，用社会经济系统直接用水量指标表征各产业部门初级生产消耗的水资源量，各个产业部门的直接用水量和投入产出数据来自北京市各产业部门水资源使用数据信息、《北京市水资源公报》和《中国工业统计年鉴》，各个产业部门完全用水量数据利用直接用水量数据和投入产出表综合核算（王凤婷等，2019）。其中，第一产业水资源消耗数据来自《北京市水资源公报》，第二和第三大类子产业数据来自《北京市主要行业用水定额》。出于提高数据精度和信度的考虑，本书运用总量一致的原则改进了 28 个产业部门用水数据，在此基础上再通过重复用水比率指标调整上述水资源消耗数值。最后，为了减少价格变动的干扰，利用 2002 年作为对比基础修正其他年份价值类数据，使得各个年份数据具有可比性。

表 3-3　北京社会经济系统 28 个产业部门目录

序号	部门	序号	部门
1 - ARG	农业	2 - MIN	采矿业

（续）

序号	部门	序号	部门
3 - FOP	食品加工业	16 - INS	仪器仪表
4 - TEX	纺织品	17 - OTH	其他工业
5 - LEA	纺织服装鞋帽皮革羽绒及其制品	18 - POW	电力热力燃气生产供应
6 - WOD	木材加工品和家具	19 - WAT	水的生产和供应
7 - PAP	造纸印刷和文教体育用品	20 - ARC	建筑
8 - PET	石油加工及炼焦	21 - TSP	交通运输、仓储和邮政
9 - CHE	化学工业	22 - INF	信息传输、软件和信息技术服务
10 - CEM	水泥玻璃陶瓷	23 - ACO	住宿和餐饮
11 - MET	金属冶炼及制品	24 - BUS	商业
12 - GEN	通用专用设备制造业	25 - SCI	科学研究和技术服务
13 - TRA	交通运输设备	26 - REP	其他部门
14 - ELE	电气机械和器材	27 - RES	居民及其他服务
15 - COM	通信设备、计算机和其他电子设备	28 - HEL	卫生和社会福利

图 3-2 反映北京市三个时期三类产业的用水情况，由图可得，2002—2012 年北京市完全用水总量呈递增态势，第二产业和第三产业完全用水增加，第二产业增幅放缓，第三产业完全用水仍保持较高增速，第一产业完全用水呈下降趋势，直接用水量和完全用水变化趋势基本一致。2002—2007 年、2007—2012 年完全用水总量增幅分别为 16.0％和 35.8％；第二产业的增速由 39.0％大幅下降到 4.07％。究其原因，"十一五"期间北京市政府出台工业产业结构调整方案，一些高耗能、高耗水产业部门发展受到限制和产业转移；第三产业两个时段增幅分别为 67.06％和 35.39％，第三产业作为北京经济增长的支柱产业，随着规模的持续增长，其产值比重的快速增长使得其对水资源需求量也在持续增大。从产业结构的用水量角度来看，第二产业和第三产业用水在社会经济系统用水总量中的所占份额最大。2007—2012 年第三产业比重最大，远超第二产业，第一产业完全用水比重逐年降低。第一产业完全用水占比由 2002 年的 20.56％减少到 2012 年的 7.39％，主要原因是在此期间农作物总播种面积下降（17.6％）和耗水型作物比例下降（高媛媛等，2010）。第二产业完全用水比重波动下降，原因是二产转型发展和工业用水效率提升，近十年二产产值比重下降 16.61％，万元工业增加值用水量由 112 立方米减少到 38 立方米。第三产业完全用水占总量一半以上，这主要和现代服务业迅速发展及人口规模的扩大、生活方式转变有关，十年间第三产业产值年均增速 31.6％，常住人口增加了 646.1 万人，城镇化率提高了 7.67％（王凤婷等，2019）。

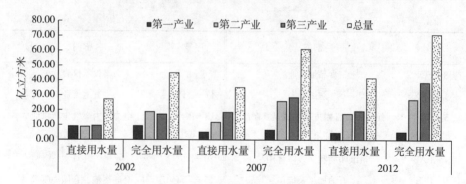

图 3 - 2　2002—2012 年北京市直接用水和完全用水量变化

图 3 - 3 为北京 28 个产业部门完全用水量年际变化情况，可以发现，研究时段上北京整个社会经济系统用水量增加了近一倍，28 个产业部门的用水量分布不均衡。用水量最高的三个部门是商业、电力热力燃气和农业，这三个部门用水量占整体的 56.78%。农业部门用水量呈下降趋势，其主要原因是此时段内北京市种植业播种面积减小，粮食生产规模减小。电力热力燃气部门用水量增加，可能是因为该期间北京市城镇化的快速发展和人口增加，导致对农产品、水电、供暖与燃气需求增加，相应的直接用水总量增加。商业部门的直接用水量也在增加，原因是北京市第三产业产值快速增加驱动了商业用水的增长趋势。北京市服务业部门用水量也在持续增加，这和产业发展有关，2012 年第三产业占 76.46%，其中，商业产值占 GDP 比重约为 26.66%，成为北京市的支柱行业。

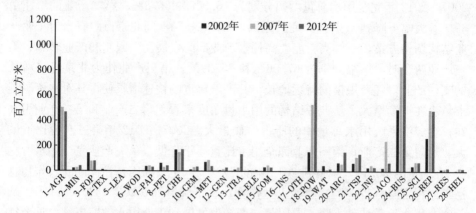

图 3 - 3　2002 年、2007 年和 2012 年北京市社会经济系统各部门用水量

2013—2017 年北京市用水总量持续增加，其中，生活用水、环境用水量呈上升趋势，工业用水、农业用水量不断减少（表 3 - 4），这和 2002 年、2007 年以及 2012 年扩展水资源投入产出表体现的产业用水变化规律一致。生

活用水包括居民生活用水和服务业用水，生活用水增加的原因可能和经济发展、人口增加、生活水平提高以及服务功能的完善有关，2013—2017 年北京的 GDP 由 19 801 亿元增长至 28 000 亿元，增长了 41.41%，人口规模增加了 57 万人。其中，居民用水的增加主要和居民生活行为方式有关，而服务业用水量不断攀升，这和北京市服务业的快速发展密切相关，2013—2017 年服务业产值占经济总量比重增加，以金融、教育、科学研究等为主的现代服务业的发展吸纳大量劳动力，进而用水量增加，这也反映北京经济发展产业结构调整日趋合理，城市功能定位日趋明确。环境用水增加了 6.7 亿立方米，增加幅度最大，可能的原因是随着城市化推进，公园绿化用地面积增加，环境保护力度加大。工业用水的减少首要原因是工业结构的改善促进重工业、化工、采矿等产业的转移，其次，生产工艺技术改进促使单位产值用水量减少。北京农业用水的减少得益于北京农作物播种面积减少、高耗水作物比重降低、灌溉节水技术改进。

表 3-4　2013—2017 年北京市四大类用水量和结构变化

单位：亿立方米，%

年份	总量		生活用水		环境用水		工业用水		农业用水	
	数量	比重	数量	比重	数量	比重	数量	比重	数量	比重
2013	36.4	100	16.3	44.78	5.9	16.21	5.1	14.01	9.1	25.00
2014	37.5	100	17.0	45.33	7.2	19.20	5.1	13.60	8.2	21.87
2015	38.2	100	17.5	45.81	10.4	27.23	3.8	9.95	6.5	17.02
2016	38.8	100	17.8	45.88	11.1	28.61	3.8	9.79	6.1	15.72
2017	39.5	100	18.3	46.33	12.6	31.90	3.5	8.86	5.1	12.91

数据来源：2013—2017 年《北京市水资源公报》。

(2) 北京市水资源供给状况

北京市水资源供给来源多样，但供给总量不足和保证率不高问题突出。北京市供水通常有四种来源：地表水、南水北调工程供水、地下水供水和雨水及再生水，其中，以地下水和地表水为主，地下水约占总供水量的 42%，地表水约占总供水量的 10%（表 3-5）。北京市 20 世纪 80 年代地下水出现补给不足和水质下降的问题。北京市地表水以密云水库和官厅水库两大水库为主要供给来源，2000 年官厅水库不满足饮用水水质要求，自此停止向北京供给饮用水。2000 年之后，密云水库成为北京市饮用水供给的唯一来源。潮白河水系是北京密云水库来水的主要水系，潮白河水系 90% 的水量进入密云水库。

表 3-5   2001—2017 年北京市供水总量和各来源供水量

单位：亿立方米

年份	供水总量	地表水供水量	南水北调	地下水供水量	雨水及再生水
2001	38.97	11.70	—	27.23	0.00
2002	34.62	10.38	—	24.24	0.00
2003	35.80	8.33	—	25.42	0.00
2004	34.55	5.71	—	26.80	0.00
2005	34.50	7.00	—	24.90	2.60
2006	34.30	6.36	—	24.34	3.60
2007	34.80	5.67	—	24.18	4.95
2008	35.10	5.50	0.70	22.90	6.00
2009	35.50	4.60	2.60	21.80	6.50
2010	35.20	4.60	2.60	21.20	6.80
2011	36.00	5.50	2.60	20.90	7.00
2012	35.90	5.20	2.80	20.40	7.50
2013	36.40	4.80	3.50	20.10	8.00
2014	37.50	9.30	0.80	19.60	8.60
2015	38.20	2.90	7.60	18.20	9.50
2016	38.80	2.90	8.40	17.50	10.00
2017	39.50	3.60	8.80	16.60	10.50

　　密云水库下游的非农部门需水量逐年增加，水资源供需矛盾问题愈发突出。北京是密云水库最大的供水对象，2000 年以来北京市社会经济快速发展，人口不断增长，导致水资源消耗量不断上升。与此同时，北京水资源供给短缺问题十分突出，首先，其水资源禀赋较差，北京地处温带半干旱半湿润性季风气候区，水资源禀赋不足使其长期处于缺水状态。以 2002—2012 年的年平均人口为基数，其人均水资源量年均仅有 107 立方米/年，低于国内外其他大城市，也远低于每人 1 700 立方米的国际水资源压力临界值（北京市统计局，2018），因此，北京的缺水程度属于重度。而且，北京本地水资源供应总量严重不足，区域水资源承载力严重超载。虽然，南水北调中线工程一定程度上缓解了北京市的用水压力，但每年仍然约有 1.9 亿立方米的水资源供需硬缺口。此外，北京市污水处理设施能力不足，供水设施保障能力较低，城区供水安全系数仅为 1.06，污水平均处理率仅为 73.2%，水环境体系脆弱，这使得水质型缺水问题威胁北京市供水压力（Liang et al.，2018）。近年来，随着北京人口增长、社会经济发展和人们生活水平的提高，社会经济系统刚性用水需求持续增长。统计数据表明，2011 年北京市人口与 GDP 提前突破 2020 年规划预期。北京市水资源禀赋差与水质型缺水的双重威胁导致无法满足社会经济持续

增长的用水需求（王雪妮等，2011），使得水资源供需缺口逐年加大，区域用水安全受到威胁。

（3）北京市用水危机解决措施

为了缓解用水危机、水资源供需矛盾，北京市尝试了不同水资源管理措施。20 世纪 50 年代开始，北京市开始面临用水危机，北京采取了调水引水工程、地表水污染治理和用水需求管理等主要措施。其中，最突出的用水管理举措是密云水库上游的水资源调整。具体来看，密云水库水资源承载量为 40 亿立方米，成为北京供水量最大的地表水来源。然而，自 20 世纪 80 年代以来其供水问题日益严峻，主要表现为 1980 年以后平均每年流进水库的水资源量呈现较大幅度缩减，相较于 20 世纪 60 年代和 70 年代，该时期流进水库的水资源量降低了约 4 亿立方米，这对北京的城市生活、工业供水量和供水稳定性构成威胁。表 3 - 6 表示 2003—2017 年密云水库流域水资源变化情况，由表可得，在水文年型较差的年份流域上游流入水库的水资源量很少，甚至出现部分年份无水入库的现象。密云水库来水量 2006 年开始急剧减少，2001 年密云水库可利用来水量 3.48 亿立方米，2002 年密云水库可利用来水量 0.78，2006 年潮白河水系进入北京的水量为 2.33 亿立方米，密云水库来水量 3.73 亿立方米。与此同时，密云水库流域上游水质污染也愈演愈烈。

表 3 - 6 2003—2017 年密云水库流域潮白河水资源总量

单位：亿立方米

年份	年降水总量	地表水资源量	地下水资源量	水资源总量
2003	25.60	2.63	4.33	5.74
2004	32.89	3.04	5.00	6.62
2005	29.20	3.48	3.90	6.78
2006	27.21	2.93	3.23	6.16
2007	27.62	3.09	2.26	5.35
2008	36.61	3.44	3.01	6.45
2009	24.98	2.12	2.70	4.82
2010	32.78	2.11	3.23	5.34
2011	30.00	3.59	2.96	6.55
2012	35.87	4.36	3.24	7.60
2013	28.09	3.90	2.72	6.62
2014	25.83	2.76	2.60	5.36
2015	33.23	2.85	2.97	5.82
2016	35.49	4.50	3.23	7.73
2017	33.45	4.38	2.76	7.14

为此，对密云水库流域上游采取了水量、水质治理措施。其中，最突出的举措为 2001 年国务院出台的《21 世纪初期首都水资源可持续利用规划》（简称《规划》），该文件主要由北京市政府和水利部两个部门编撰。《规划》核心内容是试图采用工程和非工程措施保障密云水库流域用水安全，使得供需情况可以支撑北京及相邻区域的社会经济共同可持续发展。从文件细则来看，《规划》要求上游区域提高各类产业水资源利用程度，强化水生态和水环境整治，优化产业结构。尽管如此，密云水库来水不足形势依然严峻，干旱少雨是密云水库来水减少的原因之一，然而水稻生产用水基数大是不可忽视的因素。由于水稻种植主要分布在上游地区河谷，因而北京用水对密云水库的依赖关系由此延伸到了北京与密云水库流域上游地区的水资源分配关系。

3.2 "稻改旱"政策实施过程

在上述背景下，综合社会经济生态环境和制度因素考虑，北京市水务局和河北省水利部门协商决定在密云水库流域实施"稻改旱"政策。本节将围绕"稻改旱"政策实施内容范围和"稻改旱"政策运行管护两个部分展开研究，以期为下文的政策节水成效和政策对农户收入影响实证研究提供基础。

3.2.1 政策实施内容与范围

密云水库流域"稻改旱"政策主要内容是鼓励该流域农业部门中种植水稻农户将其作物改为旱作物，同时限定农户化肥农药使用以保护交易水的水质，水资源受让方综合考虑农业部门转移水量、水质给与出让水资源的农业部门的农户一定的补偿。具体而言，密云水库流域上游地区有水稻种植习惯的地区，鼓励农户放弃水稻种植改为其他旱作物或林地。以实现密云水库上游农业节水，同时，限定农户禁止使用化肥农药，保证上游地区的水量水质。北京市水务局为了弥补种植结构调整带来的经济损失以及上游地区农业部门节水及对水环境的保护，北京市水务局给与农户一定的补偿，补偿方案具体如下，2006年北京市政府为参与政策的赤城县农户提供补偿的标准为 350 元/亩[①]，2007年北京市政府为滦平县、丰宁县和赤城县农户提供补偿的标准为 450 元/亩，2008 年"稻改旱"补偿标准增长到 550 元/亩。此后，政策实施区域的补偿标准基本维持在此水平。近年来，北京市和河北省两地政府拟取消现金补偿，改为大型节水设备投入和土地调整。另外，2008 年之后在基本补偿标准的基础上，结合地块灌溉条件和地块质量高低，政策执行时实施的补偿标准为

---

① 亩为非法定计量单位，1 亩≈667 平方米。——编者注

100～1 000元/亩。

　　"稻改旱"政策推进的整个过程为从试点到全境推广、重点区域参与。具体来看，"稻改旱"政策首先在密云水库流域北京境内进行改革试点，然后获取成功经验并逐步推广到密云水库上游河北境内，最后实现整个密云水库流域上游地区全境实施"稻改旱"政策。2003年，"稻改旱"政策在流域内两个县开展政策试点，2005年，中央政府针对河北省张家口市赤城县生态脱贫提出批示，要求将水资源协作作为北京市与其周边地区经济协作的路径（刘纲，2012）。2006年，北京市水务局、发改委、张家口市赤城县三方共同商定将张家口市赤城县黑河流域1.74万亩水田改种旱作物。2006年，为了推广密云水库流域上游更多地区实施"稻改旱"政策，北京和河北两地政府出台了《北京市人民政府、河北省人民政府关于加强经济与社会发展合作备忘录》（崔嘉文，2014）。据此，2007年北京市水务局与河北省政府开展跨地区水资源合作，计划尽快将流域上游"稻改旱"政策覆盖区域增加到10.3万亩。

　　从政策实施时间范围上看，原本北京与河北政策提出早期计划实行10年（2006—2015年），尽管2014年之后南水北调中线工程调水，然而2014年以后北京市水资源供需缺口仍然较大，因此政策实施时间范围继续延长，经双方政府协商后商定政策延长5年，即政策实施到2020年。从政策实施空间范围与分布来看，包含赤城县、丰宁县和滦平县，值得注意的是，"稻改旱"实施的区域约80%处于潮河流域，该流域的"稻改旱"主要分布在河北省承德市丰宁县和滦平县，其中丰宁县涉及黑山嘴镇、大阁镇、南关乡、胡麻营乡、天桥镇等，滦平县涉及虎什哈镇、马营子乡、付家店乡、巴克什营镇。该流域政策实施前水稻种植条件较好，所以河流沿线的村庄基本每户都有水稻种植，政策推进中整村动员、所有农户同时参加，共有220个行政村参与。根据样本县"稻改旱"工作组政策实际参与情况统计数据，政策实施后一年滦平县和丰宁县农户参与率达90%，政策实施后两年两个样本县农户参与率达95%，政策实施后三年流域上游农户基本全部参加，即流域内参与政策且有水稻种植村的所有农户水稻均改为旱作。

3.2.2　政策运行监测与管理

　　"稻改旱"政策运行程序主要包括三个阶段：政府的提前介入、政策实施和后期政府管理。政府提前介入方面，为了保障"稻改旱"政策实施，北京市和河北省张家口市和承德市政府提供了农业发展、水利建设、就业等配套措施（表3-7）。农业节水方面，要求政策覆盖区域2008年发展农业灌溉面积30.4万亩，达到年节水0.85亿立方米目标。

表 3-7 2003—2005 年"稻改旱"政策保障措施执行计划

保障措施	2003 年	2004 年	2005 年
完成水质水量目标进度	实现总目标的 60%	实现总目标的 80%	实现总目标的 100%
前期工作	基本完成	全部完成	基本完成
工程项目开工建设比例累计达到	40%	70%~80%	100%
节水项目累计实现年节水量	2.2 亿立方米	3.1 亿立方米	4.1 亿立方米
水价较 2000 年提高	30%~60%	70%~100%	100%~140%
排污费征收	安排污水集中处理项目的市、县，落实排污费征收	进一步完善排污费征收政策和规定	提高排污费征收率，初步实现治污产业化
封山禁牧措施政策	水土保持项目区实行封山禁牧	两库上游京、冀、晋全部实行封山禁牧	全部实行封山禁牧
水资源费	包括农业用水在内，全面开征水资源费	同 2003 年	提高地下水水资源费，地下水与地表水同等成本，促进节水

政府后期管理方面，北京市水务局负责总管理，河北省各级政府采取了责任落实机制，北京市政府采取一定的监督责任落实措施。2007 年北京市水务局基于河流断面监测、密云水库入库水资源数据、卫星遥感数据等多方面资料信息掌握"稻改旱"政策实施状况。同时，政策实施所在市政府及时给北京市水务局回报政策实施结果数据和总结报告。为了贯彻落实政策协议，2007 年开始，北京市和河北省滦平县、丰宁县建立了"稻改旱"工作小组，工作小组将政策责任落实到县及县以下的乡镇、村，村干部负责管理参与政策农户。政策管理中涉及两类合同，第一类合同为"稻改旱"政策协议，合同签订双方主体是河北省张家口市水务局、承德市水务局和北京市水务局，合同签订的形式为一年一签。第二类合同是村级干部与农户签订参与"稻改旱"政策参与权利与义务协议书，签订时间为农户每年春耕左右。

3.3 本章小结

本章基于密云水库流域上游、下游农业部门和非农部门用水状况分析了密云水库流域"稻改旱"出台的背景，在此基础上，围绕"稻改旱"政策实施范围、"稻改旱"政策运行与管护等内容研究了"稻改旱"政策实施过程。研究发现，密云水库流域上游和下游、农业部门和非农部门用水竞争情况由来已久，密云水库上游农业生产水资源年均消耗量占据了潮白河上游水资源总量的73%，而且，2000 年之后上游农业的快速发展一定程度上挤占了下游非农用水。与此同时，受社会经济发展、人口规模增加和城镇化的发展等因素影响，密云水库流域下游北京非农产业部门水资源需求量也日益增加。从 21 世纪初以来北京市社会经济系统 28 个产业部门用水量演变规律来看，北京市产业部门规模扩张驱动下区域全产业用水量呈上升趋势。为了缓解用水危机，北京采取了调水引水工程、地表水污染治理和用水需求管理等主要的水资源管理措施，然而，用水缺口仍然较大，水资源供需矛盾依然严峻。综合考虑社会—经济—生态系统可持续发展，北京和河北以跨部门水资源转移为手段建立起区域水资源—经济协同发展战略。"稻改旱"政策在密云水库上游流域的实施有效缓解了用水竞争压力，政策实施时间和空间跨度大，"稻改旱"政策实施涉及多方相关利益主体，政策的健康有序运行建立在多行政机构、多部门的配合与合作的基础上。

第 4 章

"稻改旱"政策节水效果：村域层面

    农业部门作为"稻改旱"政策中的水资源出让方，其节水量是政策实施中水资源出让方与受让方交易的主要标的，是"稻改旱"政策实施目标完成情况核算的依据，也是政策得以持续推进的前提。本部分"稻改旱"政策节水效果研究分别从中观和微观视角展开，本章将以村域为研究尺度从中观视角进行分析，研究具体分为以下四个部分：首先，构建了本章的分析框架；其次，探究了"稻改旱"政策实施对密云水库来水量影响；然后，核算样本区域政策节水效果，推算政策全部区域节水效果，对比分析政策节水效果年际变化；最后，探究"稻改旱"政策节水效果变化特征及其内在动因。

4.1 理论分析

    "稻改旱"政策转移水量最大化为核心目标之一，这一目标的实现以鼓励农户由水稻改为旱作为主要的途径，促进水资源由农业部门转移到其他部门，水资源转移的过程本质上是一个要素替代过程，其他要素或资源追加投入将水资源从农业生产中替代出来（Perry et al., 1997；Rosegrant and Ringler, 1998）。图 4-1 表示"稻改旱"政策实施过程中水资源和其他生产要素之间的替代关系，图中 Q 为等产量线，W 为水资源要素，O 为其他生产要素，其他生产要素沿着等产量线替代水资源。根据要素替代理论和等产量曲线原理，产量保持不变条件下，水资源要素由 W_1 减少到 W_2，相应的其他生产要素由 Q_1 变化到 Q_2，水资源变化量 ΔW（$\Delta W = W_1 - W_2$）由追加的其他生产要素替代出来，其中，其他生产要素可能指代一种生产要素或者多种生产要素的组合。进而，甄别替代水资源的其他资源要素是一个重要问题，"稻改旱"政策对以农业生产为生计基础的农户影响尤为显著，水资源农业用水转为非农用水对农业生产中的劳动力、土地、化肥农药、机械、技术等要素供给和资源利用上有一定的影响（Taylor and Young, 1995；Talebnejad and Sepaskhah, 2013），节水量最大化是政策目标，因此应该以节水量为导向选择替代要素。本文涉及的要素替代行为为直接替代，即生产中水资源要素和其他生产要素的数量比例发生改变。

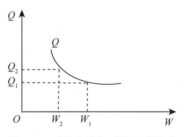

图 4-1 "稻改旱"政策要素替代

在研究"稻改旱"节水效果中做如下假设："稻改旱"政策转移水量不以威胁水资源转出方农业生产正常运行为前提，追加非水资源要素集统称为 N，$N = \{N_1, N_2, N_3, \cdots, N_i\}$。假设农业生产产出水平和科学技术水平一定条件下，农业生产投入产出函数为柯布道格拉斯函数，要素满足如下公式：

$$Q = f(W, N) = AW^\alpha N_1^{\beta_1} N_2^{\beta_2} \cdots N_i^{\beta_i} \cdots 0 < \alpha, \beta_1, \beta_2, \cdots, \beta_i < 1$$

$$(4-1)$$

式中，Q 表示农作物产量，W 为水资源要素投入，A 代表生产技术系数，α、β_1、β_2、$\cdots$、β_i 为模型参数，α 为水资源投入所得在农作物产量中所占份额，β_i 为其他非水资源要素投入所得在农作物产量中所占份额。上式等式两边取对数，公式可以变形为：

$$W = \exp\left\{\frac{1}{\alpha}\left(\ln\frac{Q}{A} - \beta_1 \ln N_1 - \beta_2 \ln N_2 - \cdots - \beta_i \ln N_i\right)\right\} = W(N_i)$$

$$(4-2)$$

为了表示一定农作物产量水平下，其他非水资源要素集合 N 中每种要素 N_i 与水资源 W 的替代关系，引入边际技术替代率。设定其他非水资源要素 N_i 对水资源的边际技术替代表示如下：

$$MRTS_{WN_i} = \Delta W / \Delta N_i \qquad (4-3)$$

式中，$MRTS_{WN_i}$ 为非水资源要素 N_i 对水资源的边际技术替代系数，ΔW，ΔN_i 分别为两种要素的变化量。两种要素的替代关系表示在等产量曲线上即是等产量曲线在 N_i 处的切线斜率（图 4-2），记作 b，则斜率可以表示为水资源要素对非水资源要素的偏导，表示如下：

$$b = \frac{\partial W}{\partial N_i} \qquad (4-4)$$

联立公式（4-3）和公式（4-4），可以求得农户水资源变化量表示如下：

$$\Delta W = b \times \Delta N_i = \frac{\partial W}{\partial N_i} \times \Delta N_i \qquad (4-5)$$

再联立公式（4-5）和公式（4-2）可得政策总节水量如下：

$$SW = \sum_i b \times \Delta N_i \qquad (4-6)$$

由此可得，"稻改旱"政策整体的节水等于水资源要素对非水资源要素的偏导与非水资源要素乘积的求和。

在中观层面"稻改旱"政策节水效果理论分析的基础上,构建本章的研究思路,如图4-3所示。首先,对政策节水成效开展定性分析以便发现趋势性规律和问题,其次,为了更准确掌握政策实施成效,对"稻改旱"政策节水效果进行核算,再比较分析政策节水效果变化规律,据此判断政策节水效果是否存在反弹现象,最后,从政策设计本身和

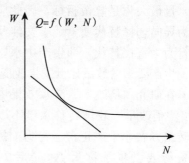

图4-2 "稻改旱"农户等产量曲线

政策实施中两类因素探寻政策节水效果变化的原因,为后续政策实施方案改进提供针对性管理方向。

由图4-3可得,密云水库流域上游"稻改旱"政策思路是通过水田改旱作减少水库上游潮白河地表径流取水量,以此增加密云水库来水量。本书首先分析政策实施前后密云水库来水量变化规律,以此初步判断"稻改旱"政策节

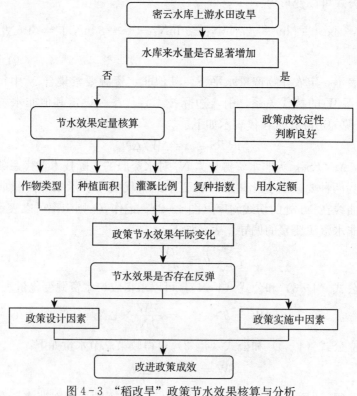

图4-3 "稻改旱"政策节水效果核算与分析

水成效，如果政策实施后密云水库来水量显著增加，那么，可以根据定性分析判断"稻改旱"政策节水成效较好，反之，则需要对政策节水效果进行定量核算后再对政策成效进行判辨。"稻改旱"政策节水效果测算采用作物用水量分析方法，该方法的应用需要掌握作物类型、种植面积、灌溉比例、复种指数和每种作物用水定额等指标情况。

为了全面掌握政策成效情况，核算出计算期"稻改旱"政策节水效果后，政策成效评估中除了聚焦政策节水效果静态情况，还关注政策节水效果的动态变化。因此，本章还对比分析了政策实施以来政策节水效果的动态演变规律，根据政策节水效果年际变化厘清是否存在反弹问题，政策节水成效反弹问题通过作用政策成本对政策经济效率产生负面影响。为了更有针对性地调控政策成效，有必要对政策节水效果变化的原因做深入分析，本书从政策设计和政策实施两个角度甄别节水效果变化原因，为政策成效调控提供决策参考，也为下文政策可持续推进提供依据。

4.2　密云水库来水量变化趋势

分析"稻改旱"政策节水效果前，首先观测政策最终转移水量变化趋势。密云水库作为"稻改旱"政策转移水量的载体，本书利用其来水量增减定性判断政策转移水量变化。图 4-4 为 2005—2017 年水库可利用来水量和降雨量变化图，由图可得，2005—2017 年密云水库来水量没有显著增加。具体来说，"稻改旱"政策实施前密云水库可利用来水量为 3.59 亿立方米，2007 年政策实施后 1 年密云水库来水量显著增加，2008 年密云水库来水量为 3.73 亿立方米，然而，2009 年密云水库可利用来水量急剧下降到 1.09 亿立方米，不足 2008 年可利用来水量的 1/3。2009 年至 2014 年密云水库来水量波动上升，2014 年南水北调中线工程引入后，入库水量有所增加，但是 2016—2017 年密云水库来水量减少。此外，政策实施后 1 年密云水库来水量显著增加的同时，相对政策实施前两年，2008 年水库范围内降雨量也有显著增加。由此来看，根据密云水库可用来水量变化可以大致判断"稻改旱"政策实施 10 年来转移水量的大致趋势，但却无法反映"稻改旱"政策中作为水资源出让方的贡献，即农业部门的节水量，因而，"稻改旱"政策的节水效果有待进一步定量核算。

密云水库流域水文站点主要有四个站点：下会、古北口、张家坟、三道营，选取离"稻改旱"政策覆盖区域较大的三道营水文站为例，选取的水文站观测时间为农作物生产中用水量较大的播种时期，表 4-1 呈现了三道营水文站 2005—2012 年 4 月和 5 月水资源流量情况，由表可得，水资源流量变化规律和密云水库来水量变化较为一致，总体上，政策实施后密云水库流域水资源

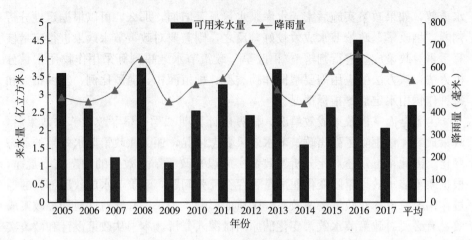

图 4-4 2005—2017 年密云水库来水量和降雨变化
资料来源：2005—2017 年《北京市水资源公报》。

量有一定程度的上升，却没有显著增加。

表 4-1 密云水库上游潮河流域三道营水文观测站水流量

年份	月份	流量（立方米/秒）	平均（立方米/秒）
2005	4	2.02	1.65
	5	1.28	
2006	4	1.02	1.19
	5	1.36	
2007	4	2.08	1.46
	5	0.84	
2008	4	1.58	1.615
	5	1.65	
2009	4	2.07	2.11
	5	2.15	
2010	4	1.59	1.445
	5	1.30	
2011	4	1.87	1.835
	5	1.80	
2012	4	1.82	1.845
	5	1.87	

密云水库入库水量和水文站流量数据结果分析表明，政策实施后农业部门

向非农部门转移水量有一定增加，但是没有显著增加。"稻改旱"政策实施以来，农业部门转移水量如何变化？政策节水效果有多少？哪些因素又会影响政策成效目标？这些问题亟待回答，值得注意的是，单纯依据入库水量回答这些问题不是一个合适的思路，因为影响密云水库入库水量因素很多，例如降雨、水文活动，这些因素中，降雨信息的数据在政策实施的地块层面难以获取，地下水、地表水以及河流回流等水文活动具有复杂性和不可控性（Tisdell et al.，2004）。由此来看，从影响密云水库可利用来水量的众多因素中剥离"稻改旱"政策的净转移水量可行性较差。准确衡量出政策节水效果是政策目标调控和补偿制度设计依据，因此，需要定量测度出政策实施后真正的节水效果。为了厘清"稻改旱"政策农业部门转移水量，综合考虑数据可得性、研究对象的稳定性等因素，本书提出中观视角上以种植结构调整、作物用水定额为研究内容，以此测算样本区域"稻改旱"政策节水效果，进而推算出"稻改旱"政策总体节水效果。"稻改旱"政策为了从农业部门获取更多结余水采取的主要手段是改变种植作物，因而，"稻改旱"政策实施对种植结构影响较大。以"稻改旱"实施区域为政策节水效果分析尺度，根据政策实施前后区域种植作物类型、作物种植面积以及不同作物用水量变化衡量政策节水效果是一个更科学的研究思路。

4.3　政策节水效果测算

上节基于描述性统计结果发现"稻改旱"政策实施后，水权交易中水资源受让方转移水量并未发生显著增加，为了更准确地反映"稻改旱"政策节水效果。本节将利用作物用水量方法定量测算"稻改旱"政策村域层面的节水效果。

4.3.1　方法设计

根据农业节水的概念，节水中用水量的概念指的是用水对象在一个完整周期内的总耗水量，对农业用水而言，用水量中的周期指从上一茬作物收获直到本茬作物收获日。"稻改旱"政策节水效果是指政策实施后产生的农业节水的效果，用政策实施前后农业生产中水资源消耗变化程度衡量。借鉴已有文献，本文根据政策前后区域尺度上农业用水量的改变核算"稻改旱"政策节水效果（FAO，2010），"稻改旱"政策节水效果用如下公式表示：

$$SW = \sum_{p=1}^{P} Area_p^{t_0} \times Ip_p^{t_0} \times Quota_p^{t_0} + \sum_{d=1}^{D} Area_d^{t_0} \times Ip_d^{t_0} \quad (4-7)$$
$$\times Q_d^{t_0} - \sum_{l=1}^{L} Area_l^{t_1} \times Ip_l^{t_1} \times Q_l^{t_1}$$

式中，SW 表示政策节水效果，如果 $SW>0$ 则政策存在节水效果，即政策实施后作物用水量少于政策实施前用水量，$SW\leqslant0$ 则政策不存在节水效果，即"稻改旱"实施后作物总用水量大于政策实施前作物总用水量。$\sum$ 为求和公式，t_0，t_1 分别表示政策前、政策后，p，d 分别代表政策实施前水田作物和旱作作物，P，D 分别为政策实施前水田作物和旱作作物种类数，l 代表"稻改旱"政策实施后旱作作物，L 为政策实施后旱作作物的种类总数。$Area_p^{t_0}$，$Area_d^{t_0}$ 分别为政策实施前水田作物播种面积、旱作作物播种面积，$Area_l^{t_1}$ 代表政策实施后旱作作物 l 的播种面积。$Ip_p^{t_0}$，$Ip_d^{t_0}$ 分别为政策实施前水田作物和旱作作物灌溉面积占播种面积的比例，$Ip_l^{t_1}$ 为政策实施后旱作作物 l 的灌溉面积占播种面积的比例。$Q_p^{t_0}$，$Q_d^{t_0}$ 分别为政策实施前水田作物 p 和旱作作物 d 单位面积的用水量，$Q_l^{t_1}$ 旱作作物 l 单位面积的用水量，用农业灌溉用水定额指标反映。需要指出的是，本书测算单位面积作物用水量时考虑了取水到灌溉之间环节的损耗，灌溉用水量核算更科学。

4.3.2　指标说明与统计分析

由"稻改旱"政策节水效果的测算公式可得，为了掌握区域尺度的节水效果需要了解政策前后耕地利用类型、农作物生产情况、用水量变化情况，具体来说各指标选择及描述统计分析如下：

（1）耕地利用类型

针对耕地利用分类，已有研究表明耕地是指以种植农作物为主，还有小部分种植一些经济林的土地（朱明仓，2006）。耕地利用类型可以分为水田和旱地两种，其中，旱地通常是指种植旱地作物并且不用特定生长周期内灌溉的耕地，包括有灌溉条件的水浇地和无灌溉条件的一般旱地。旱地作物以玉米、谷子以及各种蔬菜等作物为主。水田主要是指种植水稻及其他水生作物，并且特定生长周期有多余水的耕地，水田可划分为灌溉水田和望天田两种，灌溉水田指具备灌溉水源和设施、在常规水文年份可以灌溉并且用于种植水生作物的耕地，望天田指没有配备灌溉设施、灌溉水源以降雨为主并且种植水生作物的耕地。从我国南北分区来看，北方水田以水稻为主要农作物（李兴拼和杨建新，2013）。

图 4-5 反映了"稻改旱"政策前后样本村耕地利用类型变化情况，由图可得，政策实施后 2017 年参与政策村水田面积为零，即所有抽样村全部改水田为旱作，分区域来看，丰宁县、滦平县两个样本县的政策村水田也 100% 改为旱作，这表明参与政策执行程度很高，政策实施后参与政策村旱作面积相应地大幅度增加。没有参与政策村政策实施后水田面积减少了约 41%，而其旱地面积有所增加。

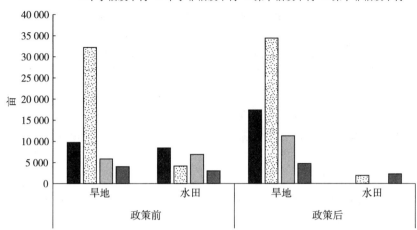

图 4-5　"稻改旱"政策前后样本村耕地利用类型变化

(2) 农作物生产

农作物类型。不同类型农作物耗水量存在较大的差异，核算"稻改旱"政策节水效果需要首先确认政策前后农作物类型变化。表 4-2 是政策前后两个样本县的主要农作物变化，由表可得，政策实施前丰宁县粮食作物主要以水稻、玉米、谷子为主，经济作物主要是大白菜、洋白菜、苹果，政策后停止种植水稻，粮食作物增加了杂粮杂豆，经济作物增加了梨、桃、葡萄，药材作物增加了黄芩和黄芪。滦平县粮食作物主要为玉米、谷子、高粱，经济作物包括大白菜、苹果，政策后经济作物增加了南瓜，还增加了少量的药材作物种植。

表 4-2　"稻改旱"政策前后样本村主要农作物

县名	作物类别	政策前	政策后
丰宁县	粮食作物	水稻、玉米、谷子	玉米、谷子、杂粮杂豆
	蔬菜	大白菜、洋白菜	大白菜、芹菜
	苗木果品	苹果	苹果、梨、桃、葡萄
	药材作物	—	黄芩、黄芪
滦平县	粮食作物	水稻、玉米、谷子	玉米、谷子、高粱
	蔬菜	大白菜	南瓜、大白菜
	苗木果品	苹果	树苗、板栗
	药材作物	—	防风

资料来源：根据丰宁县和滦平县农业部门调研资料整理。

农作物播种面积。确定农作物的播种面积需要涉及农作物耕地面积、复种指数、耕作方式，分作物播种面积来看，在丰宁县，政策实施前 2006 年玉米是其主要粮食作物，占粮食作物播种面积比例为 30%，政策实施后的 2017 年，全县种植面积 35 万亩，占农作物总播种面积的 40%，蔬菜面积已达 20 万亩，杂粮杂豆种植面积 16 万亩，主要种植谷子、红小豆、绿豆、莜麦、糜、黍等作物，谷子 8 万亩。从耕作方式来看，政策实施前，以水稻、玉米、小麦为代表的粮食作物采用的种植模式为套种，以萝卜、白菜为代表的蔬菜种植主要采用轮耕方式。政策实施后两个样本县种植模式全部改为单一种植。

(3) 灌溉用水定额

本章以灌溉用水定额作为单位面积用水量的衡量指标，灌溉用水定额是反映农业用水科学性、合理性、先进性并且有可比性的微观指标（Alarcón et al.，2014）。灌溉定额是指农作物生育期各次灌水的灌水定额之和，灌水定额是指一次灌水的水量。灌溉用水定额通常包括农业生产中两个环节的水量，一个阶段是指作物播种前灌溉用水，另一个阶段是作物生长期的灌溉用水（刘钰等，2009）。需要说明的是本文所用灌溉定额特指毛灌溉用水定额，即考虑了农业取水过程中的运输损耗和浪费。灌溉用水定额的确定受作物类型、土壤类型、灌溉面积和灌溉方式等因素的影响，其中，作物类型对灌溉用水定额指标影响表现为作物的根系活动层深度不同灌水量可能不一样，土壤类型对其影响反映为土壤类型作用土壤中保持的水资源数量，作用每一次水资源灌溉的数量，灌溉面积通过灌溉时间和灌溉效果影响灌水定额，此外，灌溉方式通过水利设施出水效率影响次灌水量。在此基础上，还要根据地理地形、气候、降雨等自然因素校正基本农业灌溉用水定额。结合样本所在区域情况，农业灌溉用水定额还呈现出不同灌溉分区异质性，根据农业综合区划、水资源条件和行政分区，农业灌溉用水定额可以分为七个区域：坝上内陆河区、冀西北山间盆地、燕山山区、太行山山区、太行山山前平原区、燕山丘陵平原区，本书所述的丰宁县和滦平县两个区域均属燕山山区，据此，计算出政策前和政策后样本区域不同作物用水定额，如表 4-3 和表 4-4 所示。

由表可得，相对于政策前的 2006 年灌溉用水定额，为了提高农业用水管理的科学性，政策实施后 2017 年不同作物灌溉用水定额统计口径做了如下方面的调整，一方面，计算中区分了不同土壤质地差异性，土壤按壤土、黏土、沙土取不同系数，另一方面，在基本用水定额基础上又根据播种规模和灌溉来源调节定额系数，使用地下水灌溉，并且种植规模在 100～200 亩的系数取 1.06，大于 200 亩取 1.12。

表 4-3　2006 年样本村不同作物用水定额

类别	作物名称	保证率 (％)	灌溉定额 (立方米/亩)	灌水定额 (立方米/亩)
粮食作物	水稻	50	647～757	30～40
		75	747～860	30～40
	玉米	50	120～135	40～45
		75	120～135	40～45
	谷子	50	120～135	40～45
		75	135～150	45～50
蔬菜	大白菜	—	440～490	40～45
	甘蓝	—	250～280	40～45
	综合灌溉定额		615～705	
苗木果品	苹果树	50	160	40
		75	200	40
	梨	50	160	40
		75	200	40

数据来源：河北省水利局调研数据，根据样本区域当年水资源供应可靠程度确定作物灌溉用水定额保证率参数。

表 4-4　2017 年样本村不同作物用水定额

类别	作物	水文年型（％）	用水定额（立方米/亩）
粮食作物	水稻	50	400
	玉米	50	90
	谷子	50	60
	杂粮杂豆	50	40
		75	60
	薯类	50	100
		75	140
蔬菜	叶类	50	300
	瓜类	50	400
	根类	50	250
经济林	苹果	50	150
	梨	50	210
	桃	50	120
	枣	50	120

（续）

类别	作物	水文年型（%）	用水定额（立方米/亩）
育种育苗	苗木	50	50～100
药作作物	黄芩	50	370
	防风	50	150

注：根据样本县水利部门调研数据整理。本灌溉定额适用于当地自然条件，是指水源能满足条件下的经济灌溉定额，水文年型取值依据是不同区域不同年份水资源短缺程度。

4.3.3 样本县与村基本特征

为了对"稻改旱"政策节水效果做出定量核算，需要首先对确定选用的样本及样本特征做初步分析。本章基于村域层面样本对"稻改旱"政策节水效果进行分析，因此，本小节将对样本村和样本县基本特征进行描述统计分析。样本县特征主要关注自然因素、社会、经济三个方面，选取了位置、面积、人口、气候、年降水量、年气温、人均 GDP、三次产业比重和农村人均纯收入等指标，村庄特征具体选取了村庄户数、村年人均收入、村农业收入比重、是否为贫困村、村水资源短缺程度和村水利设施条件等指标。

（1）县整体特征

本书选取的研究对象为承德市的丰宁县和滦平县，表 4-5 为丰宁县和滦平县社会经济基本状况。由表可得，自然条件方面，滦平县相对丰宁县农业生产自然条件更好，年均气温中等。社会经济条件方面，滦平县人口密度相对丰宁县更大，滦平县国民经济发展水平更高。产业结构上，丰宁县以一产二产为主，一产比重较高，一产占总产值比重达 31.5%，滦平县产业结构以二产三产为主，一产比重约为 17.5%，其农业比重仅为丰宁县的一半。此外，滦平县农村人均可支配收入比丰宁县高 2 000 余元，两个样本县农村人均可支配收入均低于河北省当年水平，尤其是丰宁县，其农村人均可支配收入仅为河北省平均水平的一半。

表 4-5　2017 年丰宁县和滦平县基本信息

变量	丰宁县	滦平县
气候	中温带半湿润半干旱大陆性季风型	暖温带向中温带过渡
年均降水量（毫米）	450	350
年均气温（度）	3.5	12.5
位置	40°54′N～42°01′N 115°25′E～116°27′E	40°39′N～41°12′N 116°40′E～117°46′E

（续）

变量	丰宁县	滦平县
面积（平方千米）	8 765	3 213
人口（万人）	43	32
人均 GDP（元）	23 581	54 438
三次产业比重	31.5：42.8：25.7	17.5：48.2：34.3
农村人均可支配收入（元）	6 829	8 936

数据来源：中国县域统计年鉴，各样本县经济部门资料。2017 年河北省农村居民人均可支配收入为 12 881 元。

表 4-6 为样本县农作物面积情况，由表可得，2005—2017 年滦平县耕地面积呈现波动增加的趋势，丰宁县耕地面积一直直线上升。总播种面积两个样本县均增加，其中，滦平县的粮食播种面积呈现波动下降规律，而其蔬菜作物、苗木果品等经济作物播种面积有所增加，丰宁县粮食作物播种面积基本维持持续增加的现象。从有效灌溉面积来看，两个样本县基本都在增加。

表 4-6 2005—2017 年滦平县和丰宁县农作物面积

单位：亩

年份	常用耕地面积		总播种面积		粮食作物播种面积		有效灌溉面积	
	滦平县	丰宁县	滦平县	丰宁县	滦平县	丰宁县	滦平县	丰宁县
2005	319 095	979 140	359 835	894 510	277 305	725 385	181 200	352 860
2006	236 205	978 495	368 130	969 495	277 545	743 325	213 600	355 725
2007	228 750	978 840	364 740	1 068 645	285 030	839 295	216 240	360 525
2008	228 750	978 840	366 735	1 015 830	278 055	759 075	217 800	360 510
2009	255 375	989 340	401 760	1 050 030	312 750	778 680	214 500	377 250
2010	330 315	989 340	398 055	1 065 975	303 060	798 780	217 050	386 925
2011	247 425	988 695	394 350	1 081 905	293 355	818 880	219 600	396 600
2012	239 970	989 040	414 870	1 120 050	295 170	835 245	225 300	402 630
2013	239 970	989 040	409 185	1 159 905	270 930	879 120	179 250	373 050
2014	266 595	999 540	431 205	1 183 770	268 605	907 170	199 500	409 050
2015	341 535	999 540	479 775	1 202 655	269 730	905 895	220 350	426 000
2016	341 535	999 540	482 490	1 211 040	253 740	892 995	230 250	430 650
2017	341 535	999 540	432 615	1 239 480	265 785	989 475	277 950	443 550

数据来源：根据样本县农业部门资料整理。

（2）样本村整体特征

表4-7为丰宁县和滦平县样本村庄主要社会经济指标状况，由表可得，整体上样本村户规模为466户，耕地面积平均为2 157亩，村平均参与政策的面积为1 083亩，村平均上报人均收入水平约为3 871元，不足全国人均水平（13 432元）的30%，此外，样本村中3个村为省级贫困村，因此，样本村整体收入水平较低。样本村平均农业收入比重约为45%，农业收入占总收入比重较高，样本村中农业生产对经济贡献仍然较大。分区域来看，村庄之间社会经济状况存在较大差异。其中，丰宁县云雾山村经济水平较高，人均纯收入为6 850元，约是样本村中经济水平较低的八间房村的6.8倍。从村经济结构来看，滦平县营盘村农业收入比重最低，其农业收入比重为20%，以非农收入为主，而丰宁县的红旗营村农业收入比重最高，比重达70%，两村农业收入比重相差50%。

表4-7　2017年两个县样本村社会经济概况

县名	村名	总户数（户）	耕地面积（亩）	"稻改旱"面积（亩）	"稻改旱"户数（户）	人均纯收入（元）	农业收入比重（%）
丰宁	云雾山	283	2 080	460	226	6 850	30
	长阁村	650	2 815	1 300	450	2 700	30
	河东村	771	2 933	1 500	450	4 550	50
	葫芦白菜	265	1 068	720	180	3 300	30
	胡麻营村	520	1 960	670	530	4 100	50
	天桥	771	2 700	1 600	600	3 200	50
	红旗营	348	2 400	1 600	278	4 500	70
	八间房	280	1 450	400	280	1 000	60
	样本村平均	486	2 176	831	374	3 775	46
滦平	大河北	565	3 000	1 000	510	5 000	33
	西红旗	370	3 000	2 400	370	5 000	50
	北店子	460	2 050	550	460	2 500	40
	代营子	224	900	800	224	3 100	60
	巴克什营	420	1 840	660	390	3 400	60
	营盘村	590	2 000	1 500	400	5 000	20
	样本村平均	438	2 132	1 152	392	4 000	44
全部样本村均值		466	2 157	1 083	382	3 871	45

资料来源：根据村表数据整理。此处的农民人均纯收入为样本村上报数，与后文基于农户调查统计的收入水平有较大差异。

4.3.4 测算结果与分析

根据上述政策节水效果公式及各指标取值计算所得政策前后"稻改旱"村和非"稻改旱"村用水总量，如表 4-8 所示，由表可得，整个样本村政策后相比较政策前水资源节约了 438.85 万立方米。其中，参与村"稻改旱"政策实施后用水量减少更为显著，由 2006 年的 458.29 万立方米降低到 2017 年的 128.68 万立方米，"稻改旱"村农作物生产合计用水减少 329.60 万立方米，而非参与村由政策前的 447.93 万立方米减少到政策后的 338.68 万立方米，用水量仅减少 109.24 万立方米。分样本县来看，丰宁县政策前后样本村用水总量共减少 198.07 万立方米，而滦平县共减少了 240.78 万立方米，滦平县总节水效果更大。

表 4-8 政策前后"稻改旱"村和非"稻改旱"村用水总量变化

单位：万立方米

区域	村类别	2006 年	2017 年	差值
	"稻改旱"村	134.78	24.10	110.68
丰宁	非"稻改旱"村	269.36	181.96	87.39
	合计	404.14	206.07	198.07
	"稻改旱"村	323.50	104.58	218.92
滦平	非"稻改旱"村	178.57	156.72	21.85
	合计	502.08	261.30	240.78
	"稻改旱"村	458.29	128.68	329.60
两县合计	非"稻改旱"村	447.93	338.68	109.24
	合计	906.21	467.37	438.85

节水效果大小对政策执行及农户福利有重要影响，有必要对影响政策节水效果大小的因素作甄别，以便提高政策成本有效性，也可为政策生态补偿的动态调整作决策依据。节水效果贡献因素有哪些？种植结构调整、作物单位面积用水定额的下降是影响"稻改旱"政策节水效果的主要因素，此外，"稻改旱"政策成效的实现一方面依赖耕作制度的变革，即由高耗水的水稻改为耗水相对少的旱作，从作物角度来看，政策前作物用水平均水平为 800 立方米/亩，政策实施后旱作每亩用水大幅减少，以玉米为例，该作物用水定额仅为政策前作物的 1/8。此外，从政策前后同一个作物的用水定额的变化上看，由于核算方法科学性的提高、技术水平的提高，同一作物用水定额在数值上整体呈下降趋势。另一方面来自政策较好的执行力，具体表现在参与政策的村 100% 由稻作

改为旱作，而且，政策实施十多年来几乎没有复耕现象。

由样本村政策前后农作物生产用水变化可得，以样本村为参照，密云水库上游流域10.3万亩水稻改为旱作，2017年政策总节水量约为2 467.20万立方米。值得注意的是，尽管相对"稻改旱"政策前农业生产用水量大幅减少，然而从年际变化来看，政策的节水效果却在缩减。具体而言，2010年"稻改旱"政策官方估算节水总量为7 210万立方米，2017年政策节水总量约为2010年节水总量的1/3，由此来看，"稻改旱"政策节水效果出现了较大程度的缩减。

4.4　政策节水效果动态变化及原因

"稻改旱"政策将水田改为旱作的举措使农业生产用水大幅减少，增加了潮白河地表水，然而，"稻改旱"政策节水效果存在缩减问题。政策影响评估中政策节水效果缩减指的是因为政策设计缺陷、政策实施中执行不到位等因素导致政策预期成效被部分抵消，不包括由于水资源流动性为代表的不可抗力因素导致的政策成效泄漏。政策节水量缩减问题的存在会减少农业部门可调水量、对政策经济成本有效性产生不利影响，进而降低政策经济效率，此外，政策节水效果缩减问题也影响"稻改旱"政策成效调控以及补偿机制优化。从"稻改旱"政策不同年份政策节水效果比较来看，相对政策实施3～5年后的节水效果，当前"稻改旱"政策节水效果出现了一定程度的缩减。那么，"稻改旱"政策实施中节水效果缩减的原因是什么？这需要进一步探索。本节将围绕"稻改旱"政策节水效果反弹原因甄别展开研究。

根据调研实践及已有相关研究发现，"稻改旱"政策实施后节水效果反弹的原因可能和政策设计中对用水管理的限定有关。具体而言，密云水库上游"稻改旱"政策设计思路是通过上游农业生产耕作改变减少地表径流，而对政策覆盖区域地下水取用没有做出限定，然而，区域中地下水和地表水相互关联、相互补给，两者构成一个连通的水文系统（柳荻等，2019；Christian et al.，2019）。鉴于地下水和地表水的连通关系，若地下水取水量增加，则地表水会增加对地下水的补给，进而，间接降低了地表水径流，减少"稻改旱"政策可交易水量。用水管理研究主要从灌溉设施设备、灌溉来源以及地下水位变化三部分展开分析。首先，从灌溉设施设备变化来看，政策实施后水利条件完善，增加了农业灌溉取水量。水井和机井数量的统计分析表明（图4-6），与2010年相比2017年样本村机井数量有显著增加，即"稻改旱"政策实施后样本区域农业灌溉用水设施配备更加充足，由此可知，农业生产中单位面积耕地灌溉可得性更高。

从灌溉来源变化看，"稻改旱"政策实施区域对地下水管理的重视程度不

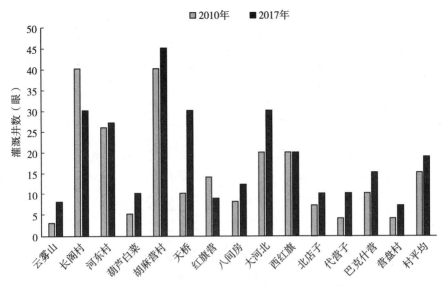

图 4-6 2010 年和 2017 年"稻改旱"村灌溉井数量

高。表 4-9 为政策前后样本村地下水作为灌溉来源比例的变化，由表可知，政策实施后地下水作为灌溉来源显著下降，这和"稻改旱"政策对覆盖区域耕作改变有关，这也符合以地表水灌溉为主的水田作物大幅减少的变化规律，而地下水作为灌溉来源的比例显著上升，替代了政策实施前的以地表水灌溉为主导的灌溉来源，地下水灌溉比例由政策前的 2.21% 增加到政策实施后的62.14%，比重增加了近 60 个百分点。

表 4-9 样本村不同灌溉来源比例

单位：%

县	村	完全用地表水灌溉		完全用地下水灌溉		地表和地下水均用	
		2006 年	2017 年	2006 年	2017 年	2006 年	2017 年
丰宁	云雾山	100.00	50.00	0.00	0.00	0.00	0.00
	长阁村	90.00	0.00	0.00	80.00	10.00	30.00
	河东村	70.00	0.00	1.00	100.00	20.00	0.00
	葫芦白菜	100.00	0.00	0.00	100.00	0.00	0.00
	胡麻营村	80.00	0.00	20.00	100.00	0.00	0.00
	天桥	70.00	50.00	0.00	50.00	30.00	0.00
	红旗营	0.00	0.00	10.00	0.00	0.00	100.00
	八间房	80.00	0.00	0.00	100.00	10.00	0.00

（续）

县	村	完全用地表水灌溉		完全用地下水灌溉		地表和地下水均用	
		2006 年	2017 年	2006 年	2017 年	2006 年	2017 年
滦平	大河北	100.00	10.00	0.00	0.00	0.00	70.00
	西红旗	100.00	0.00	0.00	80.00	0.00	20.00
	北店子	100.00	90.00	0.00	10.00	0.00	0.00
	代营子	100.00	0.00	0.00	100.00	0.00	0.00
	巴克什营	80.00	0.00	0.00	50.00	20.00	0.00
	营盘村	100.00	0.00	0.00	100.00	0.00	0.00
	样本平均	83.57	14.29	2.21	62.14	6.43	15.71

从地下水水位变化来看，地下水水位深度逐年增加，地下水采水量增加。图 4-7 反映了 2006 年、2010 年和 2017 年"稻改旱"村地下水位深度变化情况，由图可知，政策实施前"稻改旱"政策实施村平均地下水位深度为 7 米，而政策实施后（2010 年）"稻改旱"村平均地下水位深度增加到 15 米，2017 年村平均地下水位深度达 17 米，政策后相对于政策实施前"稻改旱"样本区域地下水位深度增加了一倍多，这也印证了政策实施后灌溉来源的变化规律。分区域来看，丰宁县云雾山村政策后（2017 年）相对于政策前（2006 年）地下水位变化幅度最大，由政策前的 20 米提高到政策后的 70 米，因此，相对于政策实施前，政策后地下水位增加了 2.5 倍。

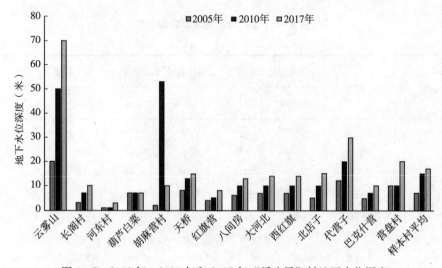

图 4-7　2006 年、2010 年和 2017 年"稻改旱"村地下水位深度

由"稻改旱"政策样本村的用水管理分析发现，对地下水使用量增加，地下水使用管理较少，地下水使用量的增加抵消了政策的部分节水效果。忽视水文经济系统统一性，缺少地下水管理。整体用水量减少，存在节水效果，但不可忽视的是地下水利用增加，应提高重视，这也是政策设计和执行中缺少约束和管理的，未来政策设计和执行中需要将地下水管理纳入统筹考虑范围，以免对区域生态环境产生不可逆转的影响。

4.5　本章小结

本章通过政策前后整个样本村种植结构、灌溉比例、农业用水定额等信息核算了样本区域政策节水效果。研究发现，政策实施后，政策节水效果较明显，具体而言，样本村级层面政策节水效果为 329.60 万立方米，推算的政策总体节水效果为 2 640 万立方米。政策成效的实现主要来自两方面因素，一方面依赖耕作制度的变革，即由高耗水的水稻改为耗水相对少的旱作。另一方面来自政策较好的执行力，参与政策的村 100％实施了"稻改旱"，政策实施后很少出现复耕现象。然而，相对政策在 2010 年的节水效果，当前政策节水效果出现了一定的缩减，即政策节水效果出现了一定程度的反弹现象，本章通过规范分析了节水效果缩减的原因，并发现政策实施后管理部门对地下水管理的重视程度不高可能是主要原因。

本章研究结论对"稻改旱"政策提高政策节水效果的启示有以下三个方面：一是要提高地下水管理的重视，强化政策实施区域水资源计量监测硬件配套，完善监测体系。二是需要多部门协同配合，制定合理的作物种植结构，优化区域水资源配置。三是"稻改旱"政策成效的调控管理中可以考虑以村为行政单位，以村干部为政策节水效果反弹调控的节点是一个合适的思路。政策后期执行中，如何保持或提高"稻改旱"政策节水效果，确保"稻改旱"政策节水成效的可持续是政策调控和管理的重点。农户是"稻改旱"政策中最基本、最重要的相关利益主体之一，农户用水行为直接影响政策成效的大小，明晰"稻改旱"农户生产适应行为决策，掌握政策节水效果的微观机理，筛选合适的农户用水适应行为，是需要重点关注的内容。

第 5 章

"稻改旱"政策节水效果：农户层面

上一章分析得出密云水库流域"稻改旱"政策实施取得了一定的节水成效，但是政策节水效果的微观机理尚不明晰。事实上，"稻改旱"政策的节水效果最终取决于参与政策农户的适应行为和适应的效果，而政策引入后农户种植结构调整和节水技术采用是影响政策节水效果的主要适应行为。因此，本章将通过农户种植结构调整和节水技术采用行为的决策分析厘清政策节水效果的微观机理。具体来看，"稻改旱"政策通过改水稻为旱作的作物种植结构调整实现了农业节水，此外，农户节水技术的采用决定了节水效果的弹性区间。

因此，"稻改旱"政策节水效果从微观层面来看取决于农户对政策的适应行为和效果。政策实施多年来，农业节水措施带来的节水效果已基本释放，农户对政策的响应主要体现在种植结构调整和节水技术采纳行为（韩洪云等，2010），那么，参与政策农户是否会采用灌溉节水技术、采用哪些节水技术，影响农户响应行为机理是什么，"稻改旱"政策相关特征对农户响应行为影响程度多大，厘清这些问题对指导政策节水效果弹性调控区间调整具有重要的现实意义。因此，本章将重点从农户种植结构调整和灌溉节水技术采用两个方面分析政策节水效果微观机理。具体研究内容安排如下，首先，剖析"稻改旱"政策对农户种植结构调整和节水技术采用影响机理；然后，探究"稻改旱"政策对农户低耗水型作物种植结构影响；最后，对比分析"稻改旱"政策前后农户灌溉节水技术采用变化及异质性，在此基础上探究"稻改旱"政策对农户灌溉节水技术采用的影响。

5.1 理论分析

明晰"稻改旱"政策节水效果微观机理需要分析农户节水行为决策机理，为了探究"稻改旱"政策对农户用水适应行为影响，本书基于已有研究（刘一明和罗必良，2014；张建斌等，2019），构建"稻改旱"农户生产适应行为决策理论模型。基本假设如下：农户是理性人，为简化模型假定参与政策农户政策实施后改为单一旱作作物，复种指数为 1，且只采用一种灌溉节水技术，"稻改旱"政策前后，农户所在区域农业用水定额不发生变化，农户生产中不取用其他农户水量，农业水资源价格大小和用水量挂钩，农业部门总转移水量符合政策预期，水权交易价格短期内稳定。农户生产的理论模型目标函数设定如下：

$$Max\pi = p \times f(W, L, K) \times A + W_1 \times A \times p_1 - W \times A \times p_2 - C \times A$$

$$(5-1)$$

模型的约束条件如下：

$$\text{s. t.} \begin{cases} A \leqslant \overline{A} \\ W + W_1 = \overline{W} \end{cases} \qquad (5-2)$$

公式（5-1）和（5-2）中，π 表示农户生产利润，p 为单位产量农作物价格，$f(.)$ 为生产函数，而且生产函数为凹函数，即：生产函数一次导数为正，二次导数为负，$f'(W, L, K) > 0, f''(W, L, K) < 0$。$W, L, K$ 分别为生产要素：单位面积农业用水量、劳动力和资本要素投入，A 为农作物的经营面积，$\overline{A}$代表农户家庭耕地面积。W_1 为单位面积农作物生产结余水并可供交易的水量，$\overline{W}$为农作物灌溉用水定额，p_1 代表单位水量交易价格，"稻改旱"政策实施中给与退稻农户一定补偿，以补偿其对交易水量的贡献，即交易价格直接由补偿标准决定。p_1 表示单位水量水资源价格，C 为单位面积其他生产成本总和。

模型的最优化问题可表示为利润函数对用水量 W 的一阶偏导数为零，即：

$$\frac{\partial \pi}{\partial W} = p \times \frac{\partial f(W, L, K)}{\partial W} \times A + p_1 \times \frac{\partial W_1}{\partial W} \times A - A \times p_2 - 0 = 0$$

$$(5-3)$$

上式进一步化简如下：

$$p \times \frac{\partial f(.)}{\partial W} - p_1 - p_2 = 0 \qquad (5-4)$$

即

$$p \times \frac{\partial f(.)}{\partial W} = p_1 + p_2 \qquad (5-5)$$

式中，$\frac{\partial f(.)}{\partial W}$为生产函数对用水量 W 的一阶偏导，即农业用水量的边际产出，公式（5-5）左边可以表示为：

$$p \times \frac{\partial f(.)}{\partial W} = MR_w, p_1 + p_2 = MC_w, MR_w = MC_w \quad (5-6)$$

上式，MR_w 表示灌溉用水的边际收益，MC_w 表示灌溉用水的边际成本，模型的均衡解即为灌溉用水边际收益等于边际成本。当边际成本增加，即单位水价或水权交易价格增加，MC 曲线向左移动（图 5-1），进而，模型的均衡点由 B^* 移动到 B^{**}，使得农户用水量由 W^* 向左移动到 W^{**}，实现农业用水量减少。这表明"稻改旱"政策实施中农业水资源价格、政策补偿标准提高会促使水资源出让方（农户）减少用水，扩大农户节水效果。

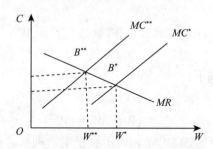

图 5-1 "稻改旱"政策与农户用水行为决策

农业节水路径主要有两种，一种是依靠低耗水型作物种植比例提高，另一种是灌溉节水技术采用（Keith，2014）。因而，农户节水研究可以从种植结构调整和节水技术两个维度着手。假设农业节水用 S 表示，节水可看作是种植结构和技术的函数，即 $S=h$ $(T, crop)$，T 表示节水技术采用，$crop$ 为低耗水型作物种植结构。而由公式（5-6）推导可得，在农业水价不变的情况下，"稻改旱"政策补偿与农户节水呈现正相关关系，即：

$$\frac{\partial p_1}{\partial S} > 0 \tag{5-7}$$

而由于农业节水与低耗水型作物结构、节水技术采用呈正相关关系，关系表示如下：

$$\begin{cases} \dfrac{\partial S}{\partial T} > 0 \\ \dfrac{\partial S}{\partial crop} > 0 \end{cases} \tag{5-8}$$

因此，结合公式（5-7）和（5-8），"稻改旱"政策补偿与农户种植结构、农户节水技术采用的关系分别表示如下：

$$\begin{cases} \dfrac{\partial p_1}{\partial T} = \dfrac{\partial p_1}{\partial S} \times \dfrac{\partial S}{\partial T} > 0 \\ \dfrac{\partial p_1}{\partial crop} = \dfrac{\partial p_1}{\partial crop} \times \dfrac{\partial S}{\partial crop} > 0 \end{cases} \tag{5-9}$$

综合来看，"稻改旱"政策的节水效果微观机理探究重点从农户种植结构调整和农户节水技术采用两方面展开，如图 5-2 所示。从政策可持续推进目标实现来看，"稻改旱"政策节水效果的管理方向主要是遴选合适的农户灌溉用水适应行为。合适的用水适应行为意味着更优化的农户作物种植结构，更多的节水技术采用，这两方面的农户用水行为是影响政策节水成效的核心。而如何通过完善政策设计和配套条件促进节水技术采用、改善种植结构，进而最大化节水效果是政策管理者亟待回答的科学问题。因此，"稻改旱"农户节水技术采用和种植结构影响机理实证分析中重点考察政策设计和政策配套条件的影响。

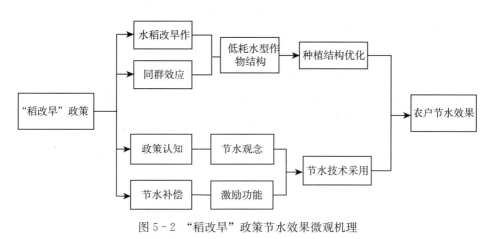

图 5-2 "稻改旱"政策节水效果微观机理

5.2 "稻改旱"对农户种植结构影响

"稻改旱"政策作为一项跨部门跨地区水资源可持续利用的长效机制，是否显著起到了优化农户种植结构进而带来农业节水效果一直备受政府和政策管理者的关注。优化农户种植结构问题可以用农户低耗水型作物种植比例表征，"稻改旱"政策是否提高了低耗水型作物种植比例，减少农户农业用水，有效实现农业节水？这是亟待明晰的问题，因此，探究"稻改旱"政策对农户种植结构调整影响具有重要的现实意义和应用价值。本节将基于参与政策与未参与政策两组农户 2006 年、2017 年两期面板数据，利用双重差分估计模型（DID）分析政策对农户低耗水型作物种植结构影响，并有效识别政策对农户种植结构优化的程度。

5.2.1 农户种植结构变化分析

为了从种植结构调整路径探究"稻改旱"政策节水效果微观机理，首先对农户作物种植情况进行统计性描述分析，以便为下文的实证分析提供研究基础。本节将从农户改旱面积、作物种植收益、农户耕地经营、农户种植作物改变等方面分析农户作物种植结构调整概况。

（1）农户改旱面积及改旱前后作物收益

为了初步判断改旱后农户种植结构调整的方向，首先考察政策前后种植作物净收益变化与补偿差值。政策冲击下农户作物选择和政策对农作物净收益损害与所获补偿有关，也就是需要考察政策补偿是否足以弥补水稻改旱作作物的收益损失。其中，政策前拟改旱地的净收益用 2006 年农户水稻净利润反映，政策后改旱地的净收益用 2006 年农户玉米作物利润衡量。表 5-1 反映农户参与政策土地作物净收益差值和补偿比较情况，由表可得，以农户家庭参与政策面积来看，户均"稻改旱"面积为 3.4 亩。另外，户均参与政策面积存在显著区域异质性，虎什哈镇户均"稻改旱"面积最大，为 4.74 亩，南关乡户均"稻改旱"面积最小，为 2.01 亩。从补偿与作物收益损失关系来看，样本整体尺度上，政策补偿与作物收益损失差值样本平均值为 -610 元，参与政策农户所获补偿不足以弥补作物净收益损失。这可能会使得农户参与政策后更倾向于种植经济类作物，使改旱地块或家庭整体耕地经营上获得更多收益。

表 5-1　农户改旱面积、参与政策土地作物净收益差值和补偿比较

单位：亩、元

区域	改旱面积	稻改旱收益损失	2006 年补偿额	前两项差值
南关乡	2.01	1 388.45	905.18	-483.27
胡麻营乡	3.45	2 234.35	1 550.83	-683.52
天桥镇	3.40	2 201.66	1 528.64	-673.02
黑山嘴镇	3.82	2 113.1	1 718.57	-394.53
虎什哈镇	4.74	2 875.83	2 133.41	-742.42
付家店乡	3.81	2 426.08	1 715.29	-710.78
巴克什营镇	3.26	1 954.7	1 465.31	-489.39
样本平均	3.40	2 139.237	1 529.04	-610.20

（2）农户家庭耕地经营面积

"稻改旱"政策的实施内容是在密云水库上游的潮白河流域沿线农户水田改为旱地，旱地的单位面积经济收益明显低于水田，在比较优势的影响下，部分农户增加农业收益或转向投资回报更高的非农就业，通常增加农业收益的路径主要有开垦荒地或者将土地流转，因而，选择开垦荒地或土地转入的农户家庭耕地经营面积增加，而土地转出或外出务工的农户家庭耕地经营面积有所减少。从整个样本来看，农户家庭经营面积有所减少，如表 5-2 所示。具体来看，"稻改旱"户家庭户均耕地经营面积从政策前的 6.32 亩减少到 6.19 亩，分乡镇来看，南关乡政策实施前后耕地经营面积变化幅度最大，原因可能是政

策实施后南关乡土地流转活动比较多有关，南关乡是样本乡镇中大户经营面积最大的，最大流转面积达 123 亩，同时调研中也发现，政策实施后南关乡政府在推动农地有序流转、促进规模化经营等举措上推进较快，出台了一系列规范土地流转的文件。天桥镇是所有政策实施乡镇中农户户均耕地经营面积变化幅度最小的，"稻改旱"政策实施后比"稻改旱"前户均耕地经营面积仅增加了0.84 亩。黑山嘴镇户均耕地经营面积最大，政策前后农户户均耕地经营面积平均为 7.83 亩，相对而言，巴克什营镇户均耕地经营面积最小，政策前后户均耕地经营面积仅 3.9 亩，约为黑山嘴镇户均经营面积的 1/2，这和各区域的耕地资源禀赋差异有关。

表 5-2 "稻改旱"政策实施前后农户户均耕地经营面积

单位：亩

县名	乡镇名	"稻改旱"前	"稻改旱"后
丰宁	南关乡	5.33	8.59
	胡麻营乡	6.69	5.44
	天桥镇	6.68	7.52
	黑山嘴镇	7.05	8.61
滦平	虎什哈镇	6.57	4.80
	付家店乡	6.62	3.12
	巴克什营镇	4.70	3.03
	样本平均	6.32	6.19

注：经营面积指农户当前在耕作的土地面积，农户耕地经营面积＝自留地面积＋责任田面积＋承包地面积—转出面积＋转入面积。

表 5-3 报告了非"稻改旱"户和"稻改旱"户户均耕地经营面积情况，从表中可得，非"稻改旱"户户均耕地经营面积绝大多数高于"稻改旱"户户均耕地经营面积。从两组群体样本平均来看，非"稻改旱"户户均耕地经营面积为 7.81 亩，而"稻改旱"户户均耕地经营面积仅 6.19 亩。分区域来看，汤河乡是非"稻改旱"组唯一一个户均耕地经营面积低于"稻改旱"组的乡镇，这和汤河乡人多地少的自然资源禀赋有关，统计数据显示，汤河乡人均耕地面积不足 2.38 亩（国家统计局农村社会经济调查司，2019）。非"稻改旱"组的西沟乡户均耕地经营面积最大，约为每户 16.87 亩，这一经营面积是"稻改旱"组户均耕地经营面积最大的黑山嘴镇的近 2 倍，这和西沟乡较多的土地转入行为有关，西沟乡样本户平均土地转入面积为 2.4 亩，最大流入面积达百

亩，根据实地调研数据显示，转入的面积约 85% 用于水稻种植。综上，"稻改旱"农户户均耕地面积小于非"稻改旱"户的原因可能是相对于非稻旱户，"稻改旱"户将单位产值高的农作物改为单位产值低的作物，这一作物种植的改变使得"稻改旱"户在农业生产中的比较优势降低，进而农户选择经济回报更高的非农经营，农业经营减少。由此可见，"稻改旱"政策的实施一定程度上使得参与政策农户家庭耕地经营面积减少。

表 5-3 非"稻改旱"户和"稻改旱"户户均耕地经营面积

单位：亩

县名	非政策乡镇	经营面积	政策乡镇	经营面积
丰宁	汤河乡	4.08	南关乡	8.59
	凤山镇	5.91	胡麻营乡	5.44
	波罗诺镇	8.32	天桥镇	7.52
	—	—	黑山嘴镇	8.61
滦平	张百湾镇	6.53	虎什哈镇	4.80
	西沟乡	16.87	付家店乡	3.12
	金沟屯镇	6.22	巴克什营镇	3.03
	样本平均	7.81	样本平均	6.19

(3)"稻改旱"前后农户种植作物调整基本特征

表 5-4 为政策前后"稻改旱"农户家庭种植作物类型变化，由表可得，政策实施后农户作物种植品种更加多样化，农户作物种植品种更多转向经济价值高的农作物。政策实施后"稻改旱"农户由政策之前的水稻为主耕作改为以玉米为代表的大宗农产品或者单位经济价值高的作物，农户家庭种植作物的改变也伴随着农户口粮消费结构的变化，调研中发现参与政策农户口粮由大米为主转为以玉米为主。此外，作物种植品种类型由改旱前 1~2 种较为单一的作物种植增加到改旱后的 2~4 种。其中，大宗农产品以玉米为主，经济价值高的作物诸如蔬菜、果树、苗木，样本中承德市丰宁县所辖乡镇果树种植以适应当地气候的葡萄、桃子、李子为主，张家口市滦平县所辖乡镇果树以适应当地气候的葡萄、桃子、李子为主，以此增加农业收入。分区域来看，南关乡、胡麻营乡两个乡镇的农户种植作物多样化程度最高，相对而言，黑山嘴镇和虎什哈镇两个乡镇改旱后的作物种植类型较为单一，主要以玉米作物为主，原因可能和区域的气候、土壤等自然资源禀赋多寡有关。

表 5-4 政策前后"稻改旱"农户种植作物变化

县名	乡镇名	2006 年	2017 年
丰宁	南关乡	水稻，谷子，杂豆	玉米，谷子，杂粮杂豆，高粱
	胡麻营乡	水稻，蔬菜	玉米，蔬菜，高粱，果树
	天桥镇	水稻，谷子	玉米，谷子
	黑山嘴镇	水稻	玉米，果树
滦平	虎什哈镇	水稻	玉米，谷子，苗木
	付家店乡	水稻	玉米，大豆，油菜
	巴克什营镇	水稻，谷子	玉米，蔬菜，谷子，小麦

尽管参与政策后农户家庭种植作物多样化提高，但农户作物种植仍以玉米为主。为了进一步反映政策实施后农户改种不同旱作作物具体情况，考察了改旱后农户种植作物样本分布。从农户来看，政策实施后农户选择的旱作作物前三位分别是：玉米、蔬菜、果树。具体而言，约有 92% 的农户家庭改种了玉米，约有 7% 的农户家庭改旱之后种植蔬菜，并且多以新型农业主体为主要经营形式，此外，还约有 4% 的农户"稻改旱"之后选择种植谷子，然而玉米之外种植谷子、大豆、蔬菜等农户仅是一小部分。尽管政策实施后，"稻改旱"农户家庭作物多样化程度提高，但从参与政策农户家庭种植作物面积占比来看，改旱后玉米播种面积比重占据绝对优势，玉米播种面积占家庭农作物播种面积比重样本均值为 73%。

5.2.2 模型设定与变量选择

由上文的描述统计分析可以看出，"稻改旱"政策实施后农户水田种植作物从水稻转为以玉米为主的低耗水型旱作，这一作物种植结构调整对应农户农作物总用水量的减少。此外，不同农户家庭玉米种植面积占家庭农作物总播种面积比例存在一定差异，进而对"稻改旱"政策节水效果产生不同程度影响。那么，"稻改旱"政策实施是否促进了农户种植结构调整？农户种植结构调整受哪些因素影响？还需要进一步计量分析和验证。为此，本章将建立"稻改旱"政策对农户种植结构调整影响的计量经济学模型。

结合本章第一部分有关"稻改旱"政策对农户农业节水的机制分析，同时考虑农户种植结构调整决策往往受多种因素共同作用，例如市场环境、户主特征、家庭特征以及村级特征等因素，为了更科学地评价"稻改旱"政策的实施对农户低耗水型作物种植结构的影响效应，需要在模型中加入重要的相关控制变量。因此，设定如下模型对"稻改旱"政策对农户低耗水型作物种植结构影响进行实证研究：

$$PS = \alpha + \beta P + \xi T + \tau P \times T + kM + \gamma H + \eta F + \lambda V + \theta D + \varepsilon$$

$$(5-10)$$

式中，以农户玉米种植面积占家庭农作物总播种面积作为被解释变量，用 PS 表示，反映农户种植低耗水型作物比重。解释变量为政策特征变量，用 P 代表，政策特征选取农户是否参与"稻改旱"政策，参与政策农户为处理组，式中，未参与政策农户为控制组。T 代表时间虚拟变量，政策实施前的 2006 年取值为 0，政策实施后的 2017 年取值为 1。$P \times T$ 为是否参与政策与时间虚拟变量交叉项，该变量的系数 τ 为双倍差分法的处理效应，即"稻改旱"政策对农户低耗水型作物种植结构的净影响。控制变量选择户主特征变量、家庭特征变量、村级特征变量、市场环境变量和区域虚拟变量等变量，M 代表市场特征变量，H 为农户特征变量，F 为家庭特征变量，V 为村级特征变量，D 为区域虚拟变量。变量统计描述分析结果如表 5-5 所示。

表 5-5　变量定义与描述统计分析

变量类别		变量名	变量	定义或选项	均值	标准差
被解释变量		cropstr	农户种植结构	玉米种植面积占农作物总播种面积比例（%）	0.542	0.371
解释变量	政策特征	policy	是否"稻改旱"政策	0＝否，1＝是	0.497	0.500
		year	是否 2017 年	0＝否，1＝是	0.499	0.500
		policy*	政策与年份交叉项	是否参与政策＊是否 2017	0.248	0.432
控制变量	市场环境	pric	玉米单价	单位价格（元/斤①）	0.695	0.152
	户主特征	hzage	户主年龄	周岁	53.992	10.781
		hzedu	户主教育程度	年	6.628	3.212
		hzdangy	户主政治身份	0＝否，1＝是	0.127	0.345
	家庭特征	area	耕地面积	亩	6.192	2.864
		peo	人口规模	家庭总人口（人）	3.574	1.596
		pincm	人均收入	元	8 099.379	8 376.380
	自然与村级特征	jlcounty	村委到县城距离	千米	44.650	17.039
		shuili_2	水利设施条件①	中等 1＝是，0＝否	0.464	0.499
		shuili_3		较好 1＝是，0＝否	0.302	0.460
		wshrt_2	水资源短缺程度②	比较严重 1＝是，0＝否	0.264	0.441
		wshrt_3		很严重 1＝是，0＝否	0.199	0.400

---

①　斤为非法定计量单位，1 斤＝0.5 千克。——编者注

（续）

变量类别		变量名	变量	定义或选项	均值	标准差
控制 变量	区域虚 拟变量	*disease*	自然灾害	一年中自然灾害次数	2.722	0.950
		D	是否丰宁县	1＝是，0＝否	0.629	0.483

注：①水利设施条件3个选项分别为1＝较差，2＝中等，3＝较好，3个选项处理为2个哑变量纳入模型，以较好条件组为参照；②水资源稀缺程度3个选项取值分别为1、2、3，3个选项处理为2个哑变量纳入模型，以短缺程度不严重组为参照。

已有研究表明，政策因素在农户生产结构调整过程中起到积极的推动作用，市场环境是农户作物面积变化的重要因素，户主是影响农作物种植结构调整的最主要决策者（薛彩霞和姚顺波，2016），而家庭特征会左右作物选择及农业生产投入（彭长生等，2019），村级特征是影响农户种植行为的外部环境因素（宋春晓等，2014）。其中，户主特征具体选取年龄、教育程度、政治身份等变量。家庭特征具体选取了家庭耕地面积、人口规模、人均收入等指标。村庄特征具体选取村水利设施条件、水资源短缺程度、村委到县城距离、自然灾害等指标，村委到县城距离反映交通便利情况。市场特征变量选择玉米作物单价为指标，需要说明的是，由于样本农户种植谷子、蔬菜等竞争性作物农户比例较小，因此本文暂不考虑玉米竞争性作物种植收益对农户种植结构调整的影响。区域虚拟变量用于控制不可观测的不随时间而异的地区因素，以县作为虚拟变量，即丰宁的县取值为1，滦平县取值为0。

由表5-5的变量统计描述分析可得，被解释变量上，所有样本农户家庭玉米种植面积占农作物总播种面积的比例平均水平为0.542，标准差为0.371，市场环境上，玉米单价平均水平为0.695元/斤，标准差为0.152。自然与基础设施特征上，村委离县城距离均值为45千米，标准差为17.04，水利设施条件上，中等条件样本农户占46.4%，较好条件水利设施农户占30.2%，水资源短缺程度比较严重的农户占比26.4%，水资源短缺程度很严重的农户占比19.9%，自然灾害次数平均一年2.7次。此外，了解样本农户的基本信息和特征对农户家庭种植结构调整决策机理有促进作用，因此下文将对样本农户户主特征和家庭特征具体描述分析如下：

第一，户主特征。表5-6报告了参与"稻改旱"政策的户主基本特征描述统计，从表中可以看出，户主平均年龄为59周岁，从户主年龄分布来看，60岁以上的户主约占总样本41.33%，由此来看，家庭主要决策者老龄化现象比较突出。原因可能是"稻改旱"政策的实施使得农业生产效益比较高的水稻停种，同时还加强了农业生产中水资源和环境约束，使得农业生产经营效益下降，同时在整体经济发展水平较低的大环境推力下，当地更多的年轻型劳动力往外转移，进而出现当地高龄农业劳动力较多，而家庭决策者年龄越大其一定程度上对外界生产环境变化适应较慢，主动进行农业生产调整的可能性会更小。

表 5－6 "稻改旱"户户主基本特征

指标	均值	分布	频数（人）	占比（%）
年龄	59	＜45	7	3.57
		45～60	108	55.1
		＞60	81	41.33
受教育程度	7.00	0（文盲）	13	6.63
		≤5（小学）	79	40.31
		6～8（初中）	69	35.2
		9～11（高中及中专）	34	17.35
		≤12（大专及以上）	1	0.51
村组干部	0.16	0＝否	164	83.67
		1＝是	32	16.33

第二，家庭特征。从家庭户主特征来看（表 5－7），"稻改旱"农户家庭平均人口规模为 3.2 人，约有 65.31% 的家庭人口规模小于等于 3 人，即大多样本农户家庭为人口规模小型化家庭。在生产力水平和科学技术稳定的前提下，通常家庭人口规模大小能表征农户家庭需求的农业资源需求程度高低。"稻改旱"政策开展带来农业水资源减少的条件下，为了维持原有的资源水平农户将追加更多的其他资源要素投入，对农业产出结果产生影响。家庭平均劳动力数量 1.8 人，80% 左右的家庭的劳动力人数少于 2 人。劳动力是农业生产中最特殊的一个要素，特殊在于其最具活力而且发展能动性最强。劳动力数量对"稻改旱"政策实施下农户生产适应行为的影响需要一分为二来看，假如政策实施后农业劳动力有剩余并且能充分转移出去，则可能缓解参与政策农户家庭经济压力和当地水资源利用压力，反之，农业剩余劳动力会加大经济和当地水资源压力。从家庭户均耕地面积上看，样本农户家庭耕地平均规模为 6.18 亩，分布在 6 亩以下的家庭户数占比最高，约为 63.36%。此外，本书采用家庭负担系数指标反映劳动年龄人口对非劳动年龄人口的负担程度（田丰，2016），以此来考察家庭人口年龄结构对家庭经济的影响。"稻改旱"农户家庭平均负担系数为 0.28，处于国际上定义的"人口机会窗口"期，即样本农户家庭劳动力人口年龄结构相对较轻，然而，值得注意的是从家庭负担系数分布上看，家庭负担系数大于 0.5 的样本比重也较大，这对家庭生产行为灵活调整

有一定负面影响, 也对未来家庭经济影响构成一定的威胁。2017 年家庭人均纯收入为 11 935 元/人, 家庭人均收入处于 5 000 元/人至 15 000 元/人的家庭占比最大, 约为 48.47%。

表 5-7 "稻改旱" 农户家庭基本特征

指标	均值	分布	频数	比例/%
家庭人口规模 (人)	3.20	≤3	128	65.31
		3~5	44	22.45
		>5	24	12.24
家庭耕地面积 (亩)	6.18	≤6	249	63.36
		6~12	131	33.33
		>12	13	3.31
人均纯收入[①] (元/人)	11 935	≤5 000	55	28.06
		5 000~15 000	95	48.47
		>15 000	46	23.47

注: ①为保证样本的代表性, 该指标剔除了 2 户异常值, 即剔除大于均值三倍标准差的值。

5.2.3 计量结果与分析

本节利用 Stata15.0 软件进行模型回归分析, 表 5-8 是 "稻改旱" 政策对农户低耗水型作物种植结构调整影响模型回归结果。从回归表中可得, 模型 F 统计值为 10.380, 概率 P 值为 0.000, 模型总体拟合度为 0.152, 这表明模型整体拟合效果较好。从模型回归系数来看, 大多数计量估计系数符号和预期基本一致。

从政策对农户低耗水型作物种植比例回归结果来看, "稻改旱" 政策增加了农户低耗水型作物种植比例, 进而实现农户节水。从体现 "稻改旱" 政策对农户种植结构调整影响系数可得, 该系数为正, 系数为 0.526, 并且通过了 1% 显著水平检验, 这表明 2007 年前后, 参与 "稻改旱" 政策的农户其低耗水型作物种植结构比例大于没有参与 "稻改旱" 政策的农户。具体而言, "稻改旱" 政策实施前后, 参与政策农户低耗水型作物种植比例比非政策农户提高了约 52.6 个百分点, 由此来看, 参与政策农户增加了低耗水型作物种植比例, 产生农户节水行为进而实现了农业节水, 对政策节水效果发挥了积极影响。政策对农户低耗水型作物种植比例的促进作用可能有两方面的原因, 一方面, 来自农户加入政策的条件, 即 "稻改旱" 政策实施鼓励农户将水田改种旱作物以减少农业用水量; 另一方面, 来自农户对农业生产环境的被动适应，即农户周边群体陆续加入政策，农户水田作物种植具有群体性特征，供水、育秧、插秧等生产环节实施起来比政策实施前交易成本要高、阻力要更大，使得农户水田种植和周边农户、村整体农业生产协同度不高，使得农户被动地增加旱作种植比例，也就是说政策对农户种植结构调整可能受同群效应影响。

控制变量中，作物单价对农户种植结构调整的影响统计上没有通过显著性检验，原因可能是较小区域范围内玉米供需情况较为稳定，因而玉米作物价格在农户中变异程度较小，价格波动幅度较小销售价格较为稳定，农户对玉米收益预期较小，导致作物单价对农户种植结构调整激励功能难以充分发挥。家庭人口规模显著提高了农户家庭玉米作物种植结构比例，且在5％的显著水平上通过统计性检验，这可能是增加了口粮自给自足的需求程度。家庭人均收入对农户种植结构调整具有负向影响，并且在5％的统计显著性水平上通过检验，这可能是因为随着家庭收入水平的提高，农户家庭对粮食或农产品的获取通过购买方式满足消费的可能性更大，使得农户以玉米为口粮的粮食作物种植比例整体减少，进而降低玉米作物种植结构比例。村委离县城距离对农户玉米种植结构比例有正向影响，且在5％的显著水平上显著。水利设施条件虚拟变量对农户低耗水作物种植比例有显著的负向影响，即水利设施条件中等的农户低耗水型作物种植比例小于水利设施条件较差的农户，水利设施条件较好的农户低耗水型作物种植比例小于水利设施条件中等的农户，原因可能是水利设施条件的恶化会促使农户增加低耗水型作物种植比例来适应，以此降低对农作物产量的影响。另外，户主年龄、教育程度、政治身份、自然灾害和水资源短缺程度等其他变量在统计学意义上不显著。

表5-8 "稻改旱"政策对农户种植结构调整影响双重倍差模型估计结果

变量	系数	标准误	T值	P
policy	−0.223	0.090	−2.480	0.013
year	−0.208	0.068	−3.070	0.002
policy×year	0.526	0.078	6.780	0.000
pric	−0.036	0.031	−1.18	0.24
hzage	0.001	0.004	0.270	0.784
hzedu	−0.023	0.036	−0.650	0.517
hzdangy	−0.002	0.001	−1.170	0.243
area	−0.001	0.008	−0.120	0.905
peo	0.011	0.004	2.360	0.019

（续）

变量	系数	标准误	T 值	P
pincm	0.000	0.000	−1.770	0.076
distanc	0.002	0.001	2.110	0.035
shuili_2	−0.085	0.034	−2.480	0.013
shuili_3	−0.075	0.043	−1.760	0.078
wshrt_2	0.013	0.046	0.290	0.774
wshrt_3	−0.077	0.087	−0.890	0.373
disease	−0.005	0.017	−0.320	0.751
D	0.100	0.029	3.400	0.001
_cons	0.619	0.155	4.000	0.000
F			10.380	
R²			0.152	
N			787	

5.3 "稻改旱"政策对农户灌溉节水技术采用影响

"稻改旱"政策的交易标的要求以农业部门节水为先决条件，农户实现农业节水除了通过种植结构调整路径，灌溉节水技术的采用也是重要的举措。"稻改旱"政策为了增加农业部门节水弹性区间，更好地保障政策节水效果、稳固农业节水转移，不仅通过鼓励农户种植低耗水作物，"稻改旱"政策还通过资金支持要求地方实践农业节水措施，其中以农业节水技术为主。此外，从政策实践情况来看，调研中发现节水设施设备在地方政府的政策推行实践中存在一些问题，具体表现在政策实施区域中县级反映拨付资金使用具体方案不明确，存在该部分资金用于其他农业生产投入或是处于没有动用状态，而样本区域村级层面呈现的是灌溉机井废弃、沟渠失修等现象较多，部分区域政策农户节水技术采用较少或是没有采用。由此来看，地方政府在"稻改旱"政策农业节水实践上滞后方案计划，政策覆盖区域农业节水先行要求落地性较差。因此，在此背景下有必要厘清"稻改旱"政策农户灌溉节水技术采用情况，掌握政策相关特征因素对农户灌溉节水技术采用的影响。探究"稻改旱"农户节水技术采用不仅对评估政策执行具有有效性，也对理解微观视角下政策节水效果有重要意义。

为了进一步明晰"稻改旱"政策节水效果微观机理，还需要探究农户灌溉节水技术采纳的作用。明晰农户节水技术采纳及其决策机理不仅有助于提升政策节水潜力"稻改旱"政策节水效果弹性空间调整也具有指导意义。具体而言，节水技术可以调节农户用水量，节水技术通过作用灌溉用水调节系数减少农户实际用水量，进而实现农业节水。结合《河北省农业用水定额》可以发现，农户作物用水受节水技术系数影响，节水技术使用情景下，农业用水可以得到进一步优化，进而对政策节水效果弹性空间发挥正向影响。因此，本节将探究"稻改旱"政策实施后农户节水技术采用情况以及政策特征因素对农户灌溉节水技术采用的影响，以期为政策节水效果弹性调控、政策改进措施提供决策参考。

5.3.1 农户节水技术采用状况

农业生产中农户采用的灌溉节水技术类型较多，为了便于分析，借鉴已有研究做法将农户灌溉节水技术类型进行分类，主要分为三类：传统型、农户型和社区型（刘亚克等，2011）。其中，传统型灌溉节水技术包括畦灌、沟灌和平整土地、地膜覆盖等四种主要技术，农户型灌溉节水技术包括地面管道、地膜覆盖、保护性耕作、间歇灌溉和抗旱品种。社区型灌溉节水技术包括地下管道、喷灌、滴灌和渠道防渗四种主要技术。图5-3反映了"稻改旱"政策前后农户灌溉节水技术采用情况，可以发现，样本整体"稻改旱"政策实施后灌溉节水技术采用户数显著增加，由政策前的11户增加到政策后的137户，户数增加了约11.5倍。

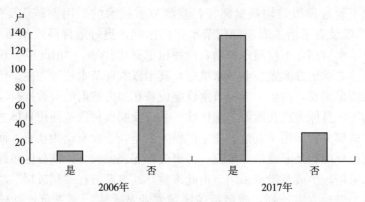

图5-3 "稻改旱"政策前后农户灌溉节水技术采用情况

图5-4从村级层面报告了政策前和政策后不同类型灌溉节水技术采用情况，由图可得，"稻改旱"农户灌溉节水技术采用广度显著增加，由政策实施前的不到6％增加到政策实施后的70.41％，从不同灌溉节水技术采用广度来看，政策前传统型灌溉节水技术采用最多，政策实施后三种类型节水技术采用广度较为接近，农户型技术采用广度最多，覆盖率59.69％。

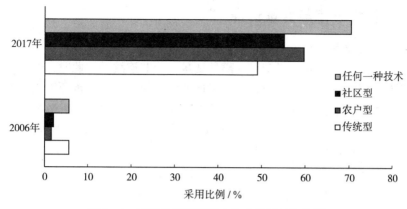

图 5-4　不同类型灌溉节水技术采用村的比例

表 5-9 从微观农户层面"稻改旱"前后农户灌溉节水技术采用情况来看，由表可得，政策实施后农户采用的灌溉节水技术种类增多，每项节水技术采用的户数也有所增加。政策实施前，传统型节水技术中沟灌和地膜覆盖两种节水技术采用户数较多，采用的比例分别为 90.91%、63.64%。政策实施后的 2017 年，农户型技术采用户数最多，其中，抗旱品种、地面管道的采用比例分别为 71.74%、50.00%。

表 5-9　2006 年和 2017 年各类灌溉节水技术农户采用情况

类别	节水技术	2006 年		2017 年	
		频数	占比（%）	频数	占比（%）
传统型	沟灌	10	90.91	72	52.17
	平整土地	6	54.55	42	30.43
	地膜覆盖	7	63.64	27	19.57
农户型	地面管道	0	0.00	69	50.00
	秸秆还田	0	0.00	8	5.80
	抗旱品种	3	27.27	99	71.74
社区型	地下管道	0	0.00	43	31.16
	渠道衬砌/硬化	4	36.36	72	52.17
	喷灌	0	0.00	37	26.81
	滴灌/微灌	0	0.00	7	5.07

5.3.2 模型设定与变量选择

(1) 模型设定

计量模型中，当被解释变量为离散变量，而非连续的，此时，经典的线性回归模型就不再适用，对于被解释变量取值为离散数值时，需要引入离散选择模型。其中，如果被解释变量是二值选择，例如涉及"是""否"决策，则要采用二值选择模型（Chunrong and Edward，2003）。二值选择模型的推导需要借助潜变量回归模型，假设净效用为：

$$y^* = x'\beta + \varepsilon \tag{5-11}$$

式中，y^*是无法观测的变量，只能观测到与净效用相关的选择 y，即：

$$y = \begin{cases} 0, y^* > 0 \\ 1, y^* \leqslant 0 \end{cases} \tag{5-12}$$

则事件发生的概率可以拟合为：

$$P(y=1 \mid x) = F(\beta_0 + \beta_1 x_1 + \cdots + \beta_k x_k) = F(x'\beta) \tag{5-13}$$

式中，P（$y=1 \mid x$）表示在 x 的条件下 $y=1$ 的概率，$y=1$ 的概率是一个关于 x 的函数，F（.）是 ε 的累积分布函数（cdf），如果 F（.）为逻辑分布的累积分布函数，则：

$$P(y=1 \mid x) = F(x\beta) = \Lambda(x\beta) \equiv \frac{\exp(x'\beta)}{1 + \exp(x'\beta)} \tag{5-14}$$

该模型为 Logit 模型，若 F（.）为标准正态分布，则模型为 Probit 模型（Ai and Norton，2003）。本章分析的"稻改旱"农户是否采用灌溉技术问题属于二分变量，因此适用于 Logit 或 Probit 模型，考虑到 Logit 模型更简单直接，其选择概率有闭合形式解，更易于计算和解释（Greene，2011），因此选用 Logit 模型分析"稻改旱"农户灌溉节水技术采用及其影响因素，以农户是否采用灌溉节水技术作为因变量。基于上文的描述统计分析、已有文献和相应的经济学理论，为了探究"稻改旱"农户灌溉节水技术影响因素建立如下 Logit 模型：

$$ITECH_{it} = \alpha + \beta P_{it} + \gamma H_{it} + \varphi F_{it} + \lambda V_{it} + \zeta D_i + \varepsilon_i \tag{5-15}$$

式中，因变量 $ITECH_{it}$ 为"稻改旱"农户农业灌溉节水技术采用情况，用 1 表示采用了灌溉节水技术，0 表示没有采用灌溉节水技术。α 为常数项，P_{it} 代表政策特征类变量，H_{it} 表示户主特征类变量，F_{it} 表示家庭特征变量，V_{it} 表示村级特征变量，D_i 代表区域虚拟变量，β，γ，φ，ζ 为待估参数，ε_i 为模型误差项。Logit 回归模型采用最大似然估计方法（MLE）进行参数估计，其估计基本思想是，给定一组数据和参数待估计的模型，如何确定模型的参数，让该参数在所有模型中产生已知数据的概率最大（杜传文，2012）。

（2）变量选择

影响"稻改旱"农户农业灌溉节水技术采用的因素模型所用变量主要包括被解释变量、核心变量、控制变量三类变量，所有变量描述统计分析结果如表 5-10 所示。

被解释变量。以农户是否采用节水技术作为被解释变量，并将农户采用的节水技术分为传统型、农户型和社区型三类，传统型技术包括畦灌、沟灌和平整土地，农户型技术包括地面管道、地膜覆盖、留茬和抗旱品种，社区型技术包括地下管道、喷灌、滴灌和渠道防渗。

核心解释变量。政策特征类变量包含参与"稻改旱"政策补偿总额、农户对"稻改旱"政策认知两个变量、"稻改旱"政策的补偿总额一定程度上能减少农业生产投入成本，因而本书预期该变量对灌溉节水技术的采用具有正向影响。"稻改旱"政策的成功实施需要以农业节水为前提，而农户对"稻改旱"政策认知程度越高则其在农业生产中越倾向于采用对政策实施有益的行为，即政策认知对农户灌溉节水技术采用有正向影响。"稻改旱"政策实施伴随着耕作制度改变，这个过程也是一个农户对政策的认知变化的过程，农户对政策认知程度越高其采用有助于节水行为的概率越大，因此本研究将农户政策认知纳入灌溉节水技术行为分析框架。需要指出的是农业水价变量没有纳入模型变量，主要原因是样本实施各村之间实行同样的水价政策，农户个体之间水价变量上不存在异质性，纳入模型的话该变量不具有统计上的意义，因此该模型没有选择农业水价变量。

控制变量。控制变量选择户主特征变量、家庭特征变量、村级特征变量和区域虚拟变量等四类变量，每类变量选择指标说明如下：第一，户主特征类变量。该类变量选择了户主年龄、户主性别、户主教育程度、户主健康状况、户主政治地位、户主政治身份、户主务工年限、户主风险态度等八个指标，其中，户主政治地位用户主是否担任村委会或者村小组的干部衡量，户主政治身份用其是否中共党员衡量；根据已有研究户主性别对灌溉节水技术采用的影响方向不确定，本书预期户主教育程度对灌溉节水技术采用具有正向影响，原因可能是教育水平越高则户主更有可能有更多的知识储备掌握农业灌溉节水技术，即教育程度越高灌溉节水技术可得性越强。而且，户主教育水平一定程度上影响其对新技术的适应能力和认知。为了促进"稻改旱"政策成效显现，缓解农业生产中的水资源紧约束，减弱政策回弹，结合地区资源禀赋和水利条件，在政策实施地区配置了节水设施和推广新型节水技术。然而，相比较传统农业生产条件和生产技术，"稻改旱"政策以及政策配套的新节水技术和设施对参与农户而言比较陌生，较低科学文化素质的户主可能会难以充分理解政策设计初衷、技术应用，进而不利于区域水资源可持续利用以及农户家庭生产绩效。假定户主健康状况对灌溉节水技术采用也发挥着正向影响，原因是户主越健康其可以从事农业生产的概率越高，进而采用灌溉节水技术的可能性也越大。关于户主政治地位变量，已有研究发现其对灌溉节水技术有正向影响，原因可能是若户主担任村组干部，这表明其相对其他非干部人员在农业生产各项活动中拥有更多的物质、资源和信息，村干部的政治地位使得其在水资源约束更紧的背景下采用灌溉节水技术的可能性更大，技术类型采用更多。户主是否中共党员用来反映家庭决策者政治地位，中共党员的家庭决策者对政策的宣传、政策执行有更高的参与意愿和响应力，因而对节水技术采用意愿更强。外出务工时间长短会影响农户对新事物、新技术的接纳或尝试意愿、学习能力，进而影响灌溉节水技术采用。第二，家庭特征变量。具体包含家庭收入水平、地块产权两个指标，其中收入水平用家庭人均收入反映。第三，村级特征变量。包括村水利设施条件、村离最近市场距离、村整体信息化水平、村水资源短缺程度等指标。其中，村市场距离用村委会到所属县政府所在地里程衡量，信息化程度用村里能用互联网的户数占比反映。第四，区域虚拟变量。用该类变量控制不可观测的不随时间而异的地区因素，南关乡为区域虚拟变量参照，其他六个乡镇（胡麻营乡，天桥镇，黑山嘴镇，虎什哈镇，付家店乡，巴克什营镇）作为处理组。

表 5 - 10　"稻改旱"农户节水技术采用变量描述统计分析

变量	定义或选项	均值	标准差	最小值	最大值
被解释变量					
是否采用传统	1=是，0=否	0.490	0.501	0	1
是否采用农户	1=是，0=否	0.597	0.492	0	1
是否采用社区	1=是，0=否	0.551	0.499	0	1
核心变量					
补偿标准	该地块每亩补偿额度，元/亩	542.16	19.45	493.75	550
政策认知度[①]	1=不了解，2=有点了解，3=比较了解	2.383	0.884	1	5
户主特征					
户主年龄	周岁	59.770	9.180	33	85
户主性别	0=女，1=男	0.898	0.303	0	1
户主教育	年	6.796	3.348	0	14
户主健康	1=很差有重病，2=较差有慢性病	3.097	1.239	1	5

（续）

变量	定义或选项	均值	标准差	最小值	最大值
户主政治地位	1＝是，0＝否	0.173	0.418	0	3
是否中共党员	1＝是，0＝否	0.168	0.375	0	1
外出务工年限	年	6.385	9.125	0	40
户主风险态度	1＝厌恶型，2＝中立型，3＝偏向型	1.883	0.860	1	3
家庭特征					
家庭人均收入	家庭总收入/总人口，元	15 220.600	18 584.200	1 345	171 478
地块产权	1＝承包地，0＝流转地	1.117	0.323	1	2
村级特征					
村水利设施	1＝较好，2＝中等，3＝较差	2.199	0.604	1	3
市场距离	离最近县城距离，千米	44.607	18.315	15	75
信息化水平	使用互联网户比例	27.531	12.389	5	50
村水资源短缺	1＝不严重，2＝比较严重，3＝很严重	2.862	0.346	2	3
区域虚拟变量					
南关乡	1＝是，0＝否	0.168	0.375	0	1
胡麻营乡	1＝是，0＝否	0.276	0.448	0	1
天桥镇	1＝是，0＝否	0.168	0.375	0	1
黑山嘴镇	1＝是，0＝否	0.107	0.310	0	1
虎什哈镇	1＝是，0＝否	0.112	0.316	0	1
付家店乡	1＝是，0＝否	0.087	0.282	0	1
巴克什营镇	1＝是，0＝否	0.082	0.275	0	1

注：①政策认知度 5 个选项处理为 4 个哑变量纳入模型，4 个哑变量取值为有点了解 1000，比较了解 0100，很了解 0010，完全了解 0001。表中其他无序分类变量做同样处理，即 k 个分类用 $(k-1)$ 个哑变量。

5.3.3 计量结果与分析

进行模型回归分析前，需要对影响因素变量之间的相关性进行检验，以检验模型多重共线性问题，进而确保模型参数方差估计结果的准确性。通常，用皮尔逊相关系数作为衡量指标，计算公式如（5-16）所示：

$$r(X,Y) = \frac{\text{cov}(x,y)}{\sqrt{\text{var}(x)\text{var}(y)}} \qquad (5-16)$$

统计学上，通常相关系数小于 0.5 可认为变量之间相关程度较弱，模型不存在多重共线性问题。表 5 - 11 为模型所用变量 Pearson 相关系数结果。由表可得，"稻改旱"农户灌溉节水技术影响因素变量之间的相关性通过皮尔逊检验，即两两变量之间的皮尔逊相关系数均小于 0.5，这表明模型不存在多重共线性问题。

表 5 - 11 解释变量 Pearson 相关系数

变量	补偿标准	水利设施	村水短缺	政策认知	户主性别	户主教育	户主健康	政治地位
补偿标准	1.000							
水利设施	0.026	1.000						
村水短缺	−0.063	0.095	1.000					
政策认知	0.071	0.020	−0.193	1.000				
户主性别	−0.076	−0.061	0.094	0.001	1.000			
户主教育	−0.205	−0.106	0.234	0.040	0.140	1.000		
户主健康	0.021	0.061	0.167	−0.013	−0.016	0.210	1.000	
户主政治地位	0.047	0.063	0.177	−0.048	−0.019	0.066	0.089	1.000

变量	户主党员	外出务工年限	耕地产权	家庭人均收入	改旱面积	户主风险态度	市场距离	村信息化水平
户主党员	1.000							
外出务工年限	−0.111	1.000						
耕地产权	0.051	−0.060	1.000					
家庭人均收入	0.071	−0.042	−0.005	1.000				
改旱面积	0.018	−0.035	−0.040	−0.016	1.000			
户主风险态度	0.287	0.113	0.217	0.150	0.079	1.000		
市场距离	−0.123	0.026	0.167	−0.050	0.109	0.070	1.000	
村信息化水平	−0.028	−0.112	0.122	−0.158	0.150	−0.251	−0.042	1.000

鉴于农户灌溉节水技术主要分为三种类型，接下来将对三种类型节水技术逐个进行实证结果分析。每类节水技术实证结果中从以下方面进行考察，首先，使用 Logit 模型进行估计，给出模型估计系数，然而考虑到模型中各解释变量的基本变化量为一单位，为了便于解释回归结果，汇报了 Logit 模型每个解释变量的概率比。其次，Logit 模型直接估计系数不具有经济学意义，为了从经济学的意义上分析各解释变量对被解释变量的边际影响，实证结果计算了模型的平均边际效应。最后，为了验证 Logit 模型回归结果的稳健性，用线性

概率模型 LPM 再次进行结果估计。

表 5-12、表 5-13 和表 5-14 分别是"稻改旱"农户传统型、农户型和社区型灌溉节水技术采用影响因素回归结果，三个模型的卡方值检验均通过了显著性检验，传统型、农户型和社区型灌溉节水技术采用影响因素三个模型除常数项之外的其他解释变量联合显著性较好，这表明模型整体估计结果较好。从表 5-12 中可以看出，影响"稻改旱"农户传统型灌溉节水技术采用的因素主要为户主政治地位、地块产权、市场距离以及天桥镇区域虚拟变量。政策认知和政策补偿标准两个政策特征变量对传统型节水技术采用没有通过显著性检验，可能的原因是传统型节水技术采用与否较为稳定，畦灌、沟灌和平整土地等节水技术措施是农业生产中较为固定的生产环节，因而政策实施对其干扰较小。从其他解释变量影响来看，户主政治地位在 5% 水平上通过显著性检验，对无政治身份的户主，有政治身份的户主家庭传统型灌溉节水技术采用概率比是其 3.09 倍。家庭地块产权变量在 10% 水平上通过显著性检验，地块产权为承包地的传统型节水技术采用概率比是地块产权为流转的 2.67 倍，天桥镇区域虚拟变量在 10% 水平上通过显著性检验，天桥镇平均传统型灌溉节水技术采用概率是南关乡的 3.80 倍。

表 5-12 农户传统型灌溉节水技术采用 Logit 模型估计结果

变量	Logit 系数		Logit 边际效应	
	概率比	标准误	Dy/dx	标准误
政策特征				
政策认知	0.929	0.079	0.016	0.018
补偿标准	1.116	0.223	0.023	0.042
户主特征				
户主年龄	0.995	0.023	−0.001	0.005
户主性别	0.499	0.280	−0.148	0.117
户主教育	0.941	0.057	−0.013	0.013
户主健康	1.121	0.167	0.024	0.032
户主政治地位	3.092**	1.557	0.240**	0.102
是否中共党员	0.964	0.496	−0.008	0.109
外出务工年限	1.024	0.021	0.005	0.004
户主风险态度	0.724	0.161	−0.069	0.046
家庭特征				
家庭人均收入	1.000	0.000	0.000	0.000
地块产权	2.665*	1.554	0.208*	0.121

（续）

变量	Logit 系数		Logit 边际效应	
	概率比	标准误	Dy/dx	标准误
村级特征				
村水利设施条件	0.598	0.327	−0.109	0.115
市场距离	1.009	0.012	0.002	0.003
信息化水平	0.997	0.032	−0.001	0.007
村水资源短缺	0.838	0.680	−0.037	0.172
区域虚拟变量①				
胡麻营乡	3.697	3.600	0.267	0.183
天桥镇	3.798*	2.852	0.273*	0.141
黑山嘴镇	3.144	2.661	0.232	0.164
虎什哈镇	2.750	2.375	0.203	0.165
付家店乡	2.382	2.432	0.172	0.213
巴克什营镇	4.679	4.137	0.317	0.179
常数项	1.183	3.213		
LR chi2			31.150	
Prob>chi2			0.090	
Log likelihood			0.117	
Pseudo R²			−117.501	

注：①南关乡为区域虚拟变量参照组。*、**、***分别代表在10%、5%和1%的显著水平上通过检验。

农户型灌溉节水技术影响因素回归结果表明，模型的两个关键解释变量政策认知和政策补偿标准对农户型节水技术采用均有显著性影响（表5-13），并分别在5%、1%显著水平下通过检验，政策认知每提高一个单位，农户型灌溉节水技术采用概率比增加188.5%，补偿标准每提高一个单位，农户型灌溉节水技术采用概率比增加185.3%。控制变量中，户主风险态度、市场距离、胡麻营乡和虎什哈镇区域虚拟变量对农户型灌溉节水技术采用有显著影响，户主风险态度越偏好其采用农户型节水技术概率比越大，风险态度为偏好型的农户型节水技术采用的概率比是风险中立型农户的0.62倍，市场距离对农户型节水技术采用有显著的正向影响，市场距离增加一个单位，农户型灌溉节水技术采用概率比增加103.1%，区域虚拟变量中，胡麻营乡平均农户型节水技术采用概率比是参照组天桥镇的5.16倍，虎什哈镇平均农户型节水技术采用概率比是天桥镇的4.07倍。

表 5 - 13 农户型灌溉节水技术采用 Logit 模型估计结果

变量	Logit 系数		Logit 边际效应	
	概率比	标准误	Dy/dx	标准误
政策特征				
政策认知	1.885**	1.080	0.024**	0.011
补偿标准	1.853***	1.178	0.031***	0.010
户主特征				
户主年龄	1.011	0.025	0.002	0.005
户主性别	1.120	0.638	0.022	0.110
户主教育	1.018	0.063	0.003	0.012
户主健康	1.004	0.156	0.001	0.030
户主政治地位	1.584	0.722	0.089	0.087
是否中共党员	0.833	0.434	−0.035	0.101
外出务工年限	1.044	0.024	0.008	0.004
户主风险态度	0.620*	0.149	0.092*	0.045
家庭特征				
家庭人均收入	1.000	0.000	0.000	0.000
地块产权	0.758	0.434	−0.053	0.110
村级特征				
村水利设施条件	0.412	0.230	−0.171	0.105
市场距离	1.031*	0.014	−0.006*	0.002
信息化水平	0.995	0.034	−0.001	0.007
村水资源短缺	0.456	0.401	−0.152	0.168
区域虚拟变量①				
胡麻营乡	5.163*	5.146	0.320*	0.168
天桥镇	2.178	1.639	0.158	0.148
黑山嘴镇	3.561	3.111	0.254	0.167
虎什哈镇	4.071*	3.626	0.278*	0.162
付家店乡	3.734	4.363	0.263	0.228
巴克什营镇	1.679	1.537	0.105	0.189
常数项	5.097	14.387	—	
LR chi2		39.300		
Prob>chi2		0.013		
Log likelihood		−109.236		
Pseudo R²		0.152 5		

注：①南关乡为区域虚拟变量参照组。* 、** 、*** 分别代表在10%、5%和1%的显著水平上通过检验。

社区型灌溉节水技术影响因素回归结果表明，政策认知、政策补偿标准对节水技术采用发挥了积极的作用（表 5-14），并分别在 1%和 5%的显著水平上通过检验，政策认知每提高一个单位，社区型灌溉节水技术采用概率比增加 108.2%，补偿标准每提高一个单位，社区型灌溉节水技术采用概率比增加 117.0%。

表 5-14　农户社区型灌溉节水技术采用 Logit 模型估计结果

变量	Logit 系数		Logit 边际效应	
	概率比	标准误	Dy/dx	标准误
政策特征				
政策认知	1.082***	1.009	0.043***	0.017
补偿标准	1.170**	1.073	0.046**	0.021
户主特征				
户主年龄	1.004	0.026	0.001	0.005
户主性别	0.844	0.516	−0.030	0.107
户主教育	1.047	0.069	0.008	0.011
户主健康	1.093	0.176	0.016	0.028
户主政治地位	2.019	1.089	0.123	0.093
是否中共党员	2.017	1.203	0.123	0.103
外出务工年限	1.048**	0.025	0.008**	0.004
户主风险态度	1.447	0.364	0.065	0.043
家庭特征				
家庭人均收入	1.000	0.000	0.000	0.000
地块产权	2.443	1.702	0.157	0.121
村级特征				
村水利设施条件	4.566**	2.926	0.266**	0.106
市场距离	0.371***	0.014	−0.006***	0.002
信息化水平	0.998	0.038	−0.000	0.007
村水资源短缺	13.154**	12.311	0.452**	0.152
区域虚拟变量[①]				
胡麻营乡	25.794**	31.021	0.510**	0.133
天桥镇	4.205	3.405	0.235	0.128
黑山嘴镇	4.682	4.339	0.253	0.145
虎什哈镇	11.755*	11.511	0.403*	0.137
付家店乡	5.110	5.950	0.268	0.191
巴克什营镇	1.695	1.680	0.081	0.157

（续）

变量	Logit 系数		Logit 边际效应	
	概率比	标准误	Dy/dx	标准误
常数项	0.000	0.000		—
LR chi2		62.43		
Prob>chi2		0.000		
Log likelihood		−100.604		
Pseudo R²		0.237		

注：①南关乡为区域虚拟变量参照组。*、**、*** 分别代表在 10%、5%和 1%的显著水平上通过检验。

从社区型灌溉节水技术影响因素回归结果其他控制变量回归结果来看，户主外出务工年限、村水利设施条件、市场距离、村水资源短缺程度、胡麻营乡、虎什哈镇区域虚拟变量对社区型农户节水技术采用有显著的影响，具体而言，户主外出务工年限每增加一个单位，社区型节水技术采用概率比提高104.8%，村水利设施条件每提高一个单位，社区型节水技术采用概率比增加456.6%。市场距离每增加一个单位，社区型节水技术采用概率比提高37.1%。村水资源短缺程度每增加一个单位，社区型节水技术采用概率比增加1 315.4%。胡麻营乡平均社区型节水技术采用概率比是参照组天桥镇的 25.79倍，虎什哈镇平均社区型节水技术采用概率比是天桥镇的 11.76 倍。

5.3.4 稳健性检验

使用线性概率模型（LPM）进行稳健性检验，"稻改旱"农户节水技术采用 Logit 模型稳健性检验结果如表 5-15 所示。由表可得，模型检验结果表明各个解释变量对被解释变量的影响方向和表 5-12、表 5-13、表 5-14 基本一致。而且，这些变量的统计检验也在不同水平上显著，这表明政策补偿标准、政策认知对"稻改旱"农户灌溉节水技术采用有显著的影响。因而，"稻改旱"农户节水技术采用 Logit 模型回归结果较为稳健。

表 5-15 稳健性检验 LPM 模型估计结果

变量	传统型		农户型		社区型	
	系数	标准误	系数	标准误	系数	标准误
政策特征						
政策认知	0.013	0.016	0.023*	0.012	0.041**	0.015
补偿标准	0.025	0.044	0.034**	0.016	0.046*	0.036

（续）

变量	传统型		农户型		社区型	
	系数	标准误	系数	标准误	系数	标准误
户主特征						
户主年龄	−0.002	0.005	0.001	0.004	0.001	0.004
户主性别	−0.141	0.128	0.020	0.128	−0.037	0.116
户主教育	−0.013	0.013	0.003	0.012	0.008	0.012
户主健康	0.023	0.031	−0.001	0.032	0.013	0.031
是否村组干部	0.202**	0.085	0.089	0.079	0.117	0.073
是否中共党员	−0.006	0.109	−0.026	0.104	0.125	0.090
外出务工年限	0.005	0.005	0.008	0.004	0.008*	0.004
户主风险态度	0.066	0.053	−0.092	0.049	−0.054	0.047
家庭特征						
家庭人均收入	0.000	0.000	0.000	0.000	0.000	0.000
地块产权	0.206*	0.107	−0.063	0.113	0.115	0.100
村级特征						
村水利设施条件	0.123	0.118	−0.203	0.113	0.293**	0.100
市场距离	0.002	0.003	0.007**	0.003	0.007**	0.003
信息化水平	−0.001	0.007	−0.002	0.006	−0.001	0.006
村水资源短缺	0.038	0.192	−0.179	0.171	0.507**	0.178
区域虚拟变量						
胡麻营乡	0.274	0.191	0.363*	0.192	0.580**	0.154
天桥镇	0.271*	0.153	0.176	0.162	0.268	0.140
黑山嘴镇	0.230	0.168	0.274	0.181	0.280*	0.153
虎什哈镇	0.202	0.190	0.300***	0.103	0.442***	0.165
付家店乡	0.149	0.244	0.250	0.230	0.307**	0.234
巴克什营镇	0.327	0.204	0.107	0.201	0.078	0.162
常数项	−0.276	0.865	0.945*	0.547	1.115*	0.507
N			196			
$Prob>F$	0.000 0		0.000 1		0.000 0	
调整 R^2	0.191		0.190 5		0.280 6	
F 值	2.760		2.76		6.87	

注：①南关乡为区域虚拟变量参照组。*、**、***分别代表在10%、5%和1%的显著水平上通过检验。

5.4 本章小结

本章从作物种植结构调整和灌溉节水技术采纳两个方面探究了农户节水效果微观机理，具体运用了多元线性回归模型识别了"稻改旱"政策对农户低耗水型作物种植结构影响，基于 Logit 模型和 LPM 模型研究了"稻改旱"政策对农户节水技术采用影响。得出的研究结论如下：

从政策对农户种植结构调整影响的结果来看，参与政策农户家庭耕地经营面积减少，从政策前的户均 6.32 亩减少到政策后的 6.19 亩。"稻改旱"政策实施后农户种植作物类型更加多样化，种植结构上以玉米为主，政策实施后 92% 农户改旱作物中包括玉米，政策对参与政策农户家庭经济类作物种植比例有一定的促进作用，其所占比重较低。"稻改旱"政策显著提高了农户低耗水型作物种植比例，参与政策农户低耗水型作物种植比例比非政策农户提高了约52.6 个百分点。家庭人均收入、人口规模、水利设施条件是农户种植结构优化的影响因素。

从政策对农户灌溉节水技术影响的结果来看，"稻改旱"政策实施后农户灌溉节水技术采用率显著增加，由政策前的不足 6% 增加到政策实施后的70%。三种类型节水技术中，农户采用的农户型技术占比最高，抗旱品种、地面管道的采用比例分别为 71.74%、50.00%。政策对农户节水技术采用影响的 Logit 模型结果显示，影响传统型灌溉节水技术采用的因素主要为户主政治地位、地块产权、市场距离以及区域虚拟变量，户主风险态度、村水利设施条件、市场距离、村水资源短缺程度对农户型节水技术、社区型农户节水技术采用有显著影响。

对此，本研究认为，首先，需要加大政策实施区域节水技术推广和宣传，宣传部门要增加"稻改旱"政策科普教育，提高农户对政策的认知水平和期望，以认知优化农户用水行为。其次，强化补偿标准对农户节水行为的激励作用，适当提高补偿标准，建立浮动的政策补偿机制。最后，"稻改旱"政策节水管理中不仅要依赖行政手段，还要充分利用经济手段，利用价格杠杆合理调节水资源利用。

第 6 章

"稻改旱"政策对农户收入的影响

上文分析了"稻改旱"政策节水效果及其变化原因,并探究了政策节水效果微观机理,回答了"稻改旱"政策的节水增效目标完成情况,而政策的另一个核心目标:农户收入改善目标是否实现、实现程度如何?为此,"稻改旱"政策对农户收入影响是本章研究的核心内容。具体而言,研究将基于参照组和处理组农户数据,利用计量模型实证分析"稻改旱"政策是否对农户收入产生影响?"稻改旱"政策对农户收入影响方向、程度如何,在此基础上探究政策对农户收入影响是否存在异质性?政策影响的路径和机制是什么?本章结构安排如下:6.1,剖析"稻改旱"政策对农户经济影响机制,6.2,进行农户生产行为和收入描述统计分析,以便为下节"稻改旱"政策对农户收入影响的定量研究奠定基础,6.3,基于计量模型评估"稻改旱"政策对农户收入的影响,并对实证模型结果进行稳健性检验。

6.1 理论分析

为了分析"稻改旱"政策对农户收入影响,首先构建如下"稻改旱"农户生产适应行为决策模型如下,假设"稻改旱"农户是理性经济人,生产要素具有竞争性,农产品价格为外生变量,农户农业生产中耕地类型有水田和旱地两种,分别种植水稻和旱作物,种植两种作物的耕地面积为 A_1、A_2,农户家庭耕地总面积为 A,两种作物资本要素投入分别为 K_1、K_2,资本包括机械为主的固定资产折旧和化肥、农药、种子等,劳动力要素投入分别用 L_1、L_2 表示,水资源要素投入分别是 W_1、W_2。农户家庭资本、劳动力、耕地面积、水资源资源要素禀赋总量不变,分别用 K、L、A、W 表示。两种作物的产量分别记为 Y_1、Y_2,并且,产量是投入要素的生产函数,即 $Y_1 = f(A_1, K_1, L_1, W_1)$、$Y_2 = f(A_2, K_2, L_2, W_2)$,生产函数为连续可微严格凹函数(Jehle and Reny,2001),即满足一阶偏导数大于零,二阶偏导数小于零,用如下公式表示：

$$\begin{cases} f'_{A_1} > 0, f'_{A_2} > 0 \\ f'_{K_1} > 0, f'_{K_2} > 0 \\ f'_{L_1} > 0, f'_{L_2} > 0 \\ f'_{W_1} > 0, f'_{W_2} > 0 \end{cases} \quad (6-1)$$

$$\begin{cases} f''_{A_1} < 0, f''_{A_2} < 0 \\ f''_{K_1} < 0, f''_{K_2} < 0 \\ f''_{L_1} < 0, f''_{L_2} < 0 \\ f''_{W_1} < 0, f''_{W_2} < 0 \end{cases} \quad (6-2)$$

两种作物的价格分别为 P_1、P_2，生产成本用 C_1、C_2 表示，成本可以表示为土地、资本、劳动力、水资源生产要素的机会成本与对应资源要素量的乘积，即：

$$\begin{cases} C_1 = A_1 \times P_3 + K_1 \times P_4 + L_1 \times P_5 + W_1 \times P_6 \\ C_2 = A_2 \times P_3 + K_2 \times P_4 + L_2 \times P_5 + W_2 \times P_6 \end{cases} \quad (6-3)$$

"稻改旱"农户农业生产以利润最大化为目标，则农户生产目标函数为：

$$Max\pi = f(A_1, K_1, L_1, W_1) \times P_1 + f(A_2, K_2, L_2, W_2) \times P_2 - C_1 - C_2$$

$$\text{s. t.} \begin{cases} A_1 + A_2 = A \\ K_1 + K_2 = K \\ L_1 + L_2 = L \\ W_1 + W_2 = W \end{cases} \quad (6-4)$$

构造拉格朗日函数求解上述生产函数，记求得的函数最优解分别为 A_1^*、A_2^*、K_1^*、K_2^*、L_1^*、L_2^*、W_1^*、W_2^*。

"稻改旱"政策实施后，农户水田全部改为旱地，由于旱作和水田作物在耕作制度方面的差异，使得政策实施对农户家庭资源禀赋和生产约束条件发生了部分改变，具体而言，由于资本要素是存量指标，因此政策前后中短期时间范围内没有显著变动，农业劳动力减少了。假设改旱之后农户只种植一种旱作，旱作作物的土地面积为 A'_2，改旱后的农户生产函数为：

$$Max\pi_a = f(A_{2a}, K_{2a}, L_{2a}, W_{2a}) \times P_{2a} - C_{2a}$$

$$\text{s. t.} \begin{cases} A_{2a} \leqslant A \\ K_{2a} \leqslant K \\ L_{2a} \leqslant L - L_a \\ W_{2a} \leqslant W \end{cases} \quad (6-5)$$

式中，A_{2a}，K_{2a}，L_{2a}，W_{2a} 分别表示政策实施后对应的上述各要素，P_{2a}

为政策实施后旱作物价格，L_a 为参与政策释放的劳动力。为了求得政策实施后生产行为决策的最优解，构建新的拉格朗日函数，记求得的均衡解为 A_{2a}^*、K_{2a}^*、L_{2a}^*、W_{2a}^*。由此可得，"稻改旱"政策实施后，农户产生生产适应行为。

假设参与政策农户单位面积获得"稻改旱"补偿标准为 λ，结合政策前后农户生产行为变化，可得"稻改旱"农户政策前后农业收入变化量可用如下公式表示：

$$\Delta Incom\_agr = f(A_1,K_{1a},L_{1a},W_{1a}) \times P_{2a} + f(A_2,K_2,L_2,W_2) \times P_2 - f(A_1,K_1,L_1,W_1) \times P_1 - f(A_2,K_2,L_2,W_2) \times P_2$$
$$= f(A_1,K_{1a},L_{1a},W_{1a}) \times P_{2a} - f(A_1,K_1,L_1,W_1) \times P_1$$

$$(6-6)$$

从上式可得，参与"稻改旱"政策对农户农业收入的影响方向取决于参与政策前后农户种植作物收益差异，如果改旱的旱作作物收益大于改旱前水田作物收益，则政策对农户农业收入影响为正向，即参与政策后农户农业收入减少，$\Delta Incom\_agr > 0$，反之，则为负向，即参与政策后农户农业收入增加，$\Delta Incom\_agr < 0$。如果"稻改旱"政策补偿能弥补种植作物调整带来的农业收入损失，则农户持续参加政策的可能性比较大。

"稻改旱"政策对农户非农收入的作用路径是非农劳动力和非农就业时间，由于水稻比常规旱作更耗费劳动力，因而"稻改旱"政策实施会释放一部分劳动力，而且参与改旱后作物的农业生产时间也会减少。假设释放的这部分劳动力用 ΔL 表示，每个劳动力减少的农业劳动力时间为 ΔT，非农就业的工资收益率为 ω。那么，政策实施后农户非农收入的变化可以用如下公式表示：

$$\Delta Incom\_nonagr = \omega \times \{L \times T - (L - \Delta L) \times (T - \Delta T)\}$$

$$(6-7)$$

式中，$\Delta Incom\_nonagr$ 表示"稻改旱"政策前后非农收入总变化量，它等于工资收益率与非农就业时间变化量的乘积。"稻改旱"政策对农户非农收入影响方向受政策前后非农就业劳动力数量和时间配置差异的影响，政策的实施产生一定的农业剩余劳动力，政策前后非农收入增减主要与这部分劳动力转移程度和效果等因素有关，如果农业剩余劳动力没有有效转移则这部分劳动力的边际产出为零。

"稻改旱"政策对农户总收入影响依赖两部分，一部分是农业收入变化，另一部分是非农收入变化。因此，政策对总收入的影响方向取决于这两部分收入的影响方向和影响程度总和。"稻改旱"农户总收入变化用如下公式表示：

$$\Delta Incom\_tot = \Delta Incom\_agr + \Delta Incom\_nonagr \quad (6-8)$$

"稻改旱"政策实施后农户家庭总收入的变化主要可以分为三种情形，第一种情形是"稻改旱"农户农业收入和非农收入变化量均为正，这表示农户参与政策后非农就业时间变化量大于零，农户非农就业工资收益率大于零，而且，农户改旱的面积比重较小、平均收益较低，非改旱耕地平均收益较大，政策补偿标准相对农户参与政策机会成本较高，此种情况下，"稻改旱"农户家庭总收入变化量为正，即政策对总收入影响方向为正。第二种情形是"稻改旱"农户非农收入变化量为正，同时，"稻改旱"农户家庭农业收入变化量为负，即参与政策农户改旱土地面积比重较大、平均收益水平较高，相对农户参与政策机会成本政策补偿水平较低，农业收入变化绝对量小于非农收入绝对量，此种情况下"稻改旱"政策对农户总收入影响方向也为正。第三种情形和第二种情形相似，不同的是农业收入变化绝对量大于非农收入变化绝对量，"稻改旱"政策对农户总收入影响方向为负。

6.2 农户生产行为和家庭收入统计描述分析

进行"稻改旱"政策对农户经济影响实证分析之前，本节将先描述统计分析"稻改旱"农户生产适应行为、农户收入，以便初步探究"稻改旱"政策实施后农户生产行为的演变规律，为下文计量模型的构建提供依据。

"稻改旱"政策的引入和实施对农户农业生产要素影响最大，因此，本节农户生产适应行为分析中重点关注农业生产行为，在此基础上分析"稻改旱"政策农户收入变化。本章的农业概念界定为广义上的农业，包括种植业、林业、畜牧业和渔业，根据所选取的样本特征，农业统计范围主要为种植业和畜牧业。农户生产适应行为是指"稻改旱"政策实施后，为了适应政策带来的水资源约束、环境约束和农业耕作制度改变，在家庭各种经营活动中农户采用的行为总称（朱红根等，2016；刘亚洲和钟甫宁，2019），并划分为农业生产适应行为和非农生产行为。"稻改旱"政策对农户家庭农业生产产生直接的影响，因此，农户生产行为研究中以农业生产适应行为分析为主。农户生产适应行为分析主要关注农户耕地质量、土地流转等，非农行为分析主要包括非农工作的劳动力数量、参与工作的时间和工作的类型等指标。而收入作为农户生产适应行为的结果变量，本章主要以总收入和各项子收入作为衡量农户经济影响的具体分析指标，各项收入包括经营性收入、工资性收入、财产性收入和转移性收入四个部分，并且经营性收入中区分农业经营性收入和非农业经营性收入。此外，对农户收入影响研究不仅包括政策前后时间上分析视角，还包括分区域的空间分析视角。

6.2.1 政策前后农户生产行为变化

（1）"稻改旱"前后农户耕地质量变化情况

从政策实施前后农户家庭耕地质量变化来看（图 6-1），"稻改旱"政策实施后样本整体地块质量比政策前有所下降。具体而言，质量较好地块比重由政策实施前的 46.85％下降到政策实施后的 36.40％，质量较差地块比重由实施前的 17.86％上升到政策实施后的 25.91％，而质量中等的地块比重政策前后较稳定。区域分布来看，政策前后不同乡镇地块质量变化区域异质性较大。例如，滦平县虎什哈镇地块质量政策前后变化最显著，其质量较好地块占比政策实施后下降了 18.18％，相比较看，丰宁县南关乡政策实施前后各类地块质量结构变化最小，地块质量较为稳定。

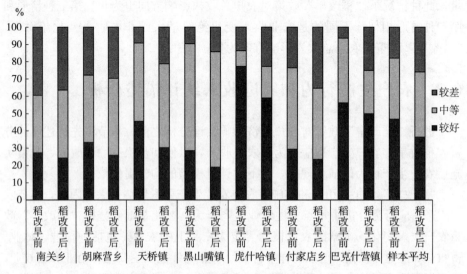

图 6-1 "稻改旱"前后地块质量情况

(2)"稻改旱"政策后农户土地流转行为变化

"稻改旱"政策实施后土地流转现象较多，样本户中约有 50.51％农户进行过土地的转入或转出行为（表 6-1），其中，仅有土地转出行为的农户占 81.82％，仅有土地转入行为的农户占 16.16％，既有土地转入又有土地转出行为的农户占 2.02％。从流转面积来看，小于 4 亩和 4～10 亩两个区间占比较大，分别占比 51.49％、39.60％，从流转价格来看，大多集中在 700～1 300 元/亩范围内，从未来 5 年土地流转意愿调查中发现，约有 48.48％的农户有意愿继续进行土地流转，计划流转面积大多在 5 亩以内（60.78％）。由此可见，"稻改旱"政策实施前后土地流转行为发生了较大转变，"稻改旱"政策一定程度上促进了土地规模化经营，原因可能是土地流转的引入，对于选择转出土地的"稻改旱"农户，流转租金平均来看大于改旱后农业经营效益，对于选择转入更多土地扩大经营面积的"稻改旱"农户，规模化经营才可能基本维持改旱前的种植效益，土地流转提高"稻改旱"农户土地的经济回报。

表 6-1 "稻改旱"政策实施后农户土地流转行为

指标	分布	平均	频数	占比（%）
是否有土地流转	1＝是	0.50	99	50.51
	0＝否		97	49.49
流转类型	1＝转入	1.84	16	16.16
	2＝转出		81	81.82
	3＝转入＋转出		2	2.02
流转面积（亩）	<4	7.09	48	51.49
	4～10		40	39.60
	>10		9	8.91
流转价格（元/亩）	<700	809.00	28	29.17
	700～1 300		66	68.75
	>1 300		2	2.08
未来 3～5 年流转意愿	0＝否	0.48	51	51.52
	1＝是		48	48.48
计划流转面积（亩）	≤5	8.52	62	60.78
	5～10		27	26.47
	>10		13	12.75

从"稻改旱"农户家庭就业人数、就业类型和就业时间变化等方面分析农户非农就业行为。从政策前后农业生产行为变化来看（表 6-2），政策实施后家庭外出务工人数明显增多，占比为 26.52%，打工时间增加的农户占比为 22.81%。

表 6-2 "稻改旱"农户非农生产行为变化

生产行为	变量	频数（人）	频率（%）
非农就业	就业人数增多	48	26.52
	就业类型改变	41	23.98
	就业时间增加	39	22.81

6.2.2 政策前后农户收入变化

本小节拟通过分析"稻改旱"农户家庭收入总量和结构变化情况，以便直观反映"稻改旱"政策的实施对农户家庭经济影响趋势性规律。农户各项收入将重点关注农业收入、非农经营性收入、工资性收入、财产性收入和转移性收入的水平和结构。

（1）总体收入水平和结构

"稻改旱"政策实施后"稻改旱"户家庭收入显著增加，各项收入中工资性收入增幅最明显、财产性收入增速最快。图6-2报告了政策前后样本总体家庭总体收入及各项收入水平状况，由图可得，"稻改旱"后农户家庭总收入大幅增加，由政策前户均20 587元增长到政策后的户均43 560元，总收入增加了1倍多。分项收入来看，"稻改旱"政策实施后农户工资性收入增长幅度最大，由政策前的户均12 216元增加到政策后的23 307元，改旱后的工资性收入是改旱前的近2倍。"稻改旱"之后农业收入有所增加，非农经营收入变化幅度相对较小。从"稻改旱"政策前后农业收入来看，户均农业收入由2006年"稻改旱"前的6 004元增加到2017年"稻改旱"之后的8 553元。从"稻改旱"政策前后各项收入变化来看，财产性收入是各项收入中增长速度最快的。由图6-2可得，农户财产性收入由政策前的户均仅109元增加到户均6 159元，增加了约55.5倍。"稻改旱"户财产性收入的较大变化主要来自土地流转，即土地租金收入增加，这和政策前后农户生产适应行为的结果一致。从"稻改旱"政策前后转移性收入水平变化来看，该项收入由政策前的128.52元增长到政策后的2 106.21元，增加了约15倍。

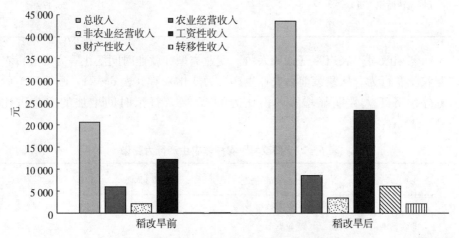

图6-2 "稻改旱"前后样本总体家庭收入水平

注：根据国家统计局农业农村调研司统计口径测算各项收入。

从收入结构变化来看，"稻改旱"政策实施前后农户家庭收入结构也发生了显著变化，工资性收入是滦平县、丰宁县参与政策样本农户最大的收入来源，其次是农业经营收入、财产性收入、非农业经营收入和转移性收入。图6-3为"稻改旱"政策前后样本整体家庭收入结构变化，整体来看，"稻改旱"政策实施前家庭收入结构中以工资性收入和经营收入为主，工资性收入、经营性收入占家庭总收入的比重分别为 59.34%、39.51%，而财产性收入和转移性收入所占比重基本为零。"稻改旱"政策实施后，农户家庭收入来源更丰富，其中，最明显的改变是家庭财产性收入占总收入的比重显著提高，其比重由政策前的 0.53% 增加到政策实施后的 14.14%。工资性收入比重有所降低，但减少幅度较小，减少幅度为 5.83%，工资性收入所占比例由政策前的 59.34% 减少到政策实施后的 53.51%，工资性收入对总收入贡献主要来自工资水平的增长，而工资收入增加与家庭外出务工人数增多、外出务工时间增加等因素有关。转移性收入所占比重也有显著增加，由政策实施前的不到 1% 增加到"稻改旱"政策实施后的 4.84%。

与此同时，经营性收入比重减少，由政策实施前的 39.51% 减少到"稻改旱"政策实施后的 27.51%，原因可能是经营性收入中农业收入的减少。农业收入的减少来自两方面，一方面，种植结构的调整带来旱作作物价格低于水田作物，而且近十年来以玉米为主的旱作物价格持续走低（国家统计局农村社会经济调查司，2019）；另一方面，受农户经营耕地减少的影响，从政策前后农户土地流转行为看出农户耕种面积减少，同时农户土地财产性收入大幅增长也可以说明。

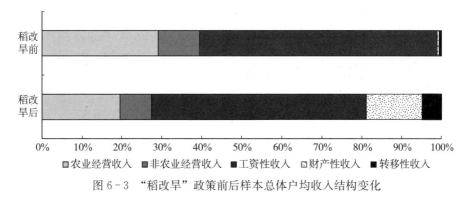

图 6-3 "稻改旱"政策前后样本总体户均收入结构变化

(2) 分区域收入水平和结构变化

为了进一步细化研究"稻改旱"农户家庭收入时间和空间区域异质性，本书以不同乡镇为区域划分依据分析不同区域家庭收入水平和结构。

政策后各个区域收入水平均有所提高，增幅存在显著区域差异。表 6-3 报告了不同样本乡镇"稻改旱"政策实施前后家庭户均收入水平，由表可以看出，"稻改旱"政策前后各个乡镇居民总收入水平都有不同程度的增加，其中，巴克什营镇居民总收入水平增加幅度最大，虎什哈镇居民总收入水平增加幅度最小。分项收入来看，南关乡、胡麻营乡、天桥镇、黑山嘴镇、付家店乡农业收入呈上升趋势，虎什哈镇和巴克什营镇农业收入呈下降趋势，而且，下降了近50%，虎什哈镇"稻改旱"政策后农业收入下降的原因主要和政策实施后较多农户参与土地转出有关，而巴克什营镇农业收入下降的原因主要是该镇2016—2017年部分农用地被政府一次性征用。从工资性收入来看，南关乡该项收入政策前后增速最快，增加了约251.00%，虎什哈镇增速最慢，增加了约53.75%。从财产性收入变化来看，除了天桥镇户均财产性收入呈下降趋势，其他乡镇都有所增加。从转移性收入变化来看，政策实施后巴克什营镇增加幅度最大，政策后比政策前户均增加了4 115元。

表6-3　政策前后分区域户均家庭收入水平变化

单位：元

区域	时间	总收入	农业收入	非农经营收入	工资性收入	财产性收入	转移性收入
南关乡	政策前	14 440.00	5 328.82	3 886.36	4 981.21	0.00	243.64
	政策后	36 133.70	8 887.12	6 818.18	17 483.94	701.52	2 242.97
胡麻营乡	政策前	13 874.90	5 172.69	462.96	7 988.89	55.56	194.82
	政策后	34 842.30	8 913.13	3 907.41	17 309.63	1 662.65	3 049.44
天桥镇	政策前	16 525.70	4 944.12	1 018.18	9 879.69	573.91	0.00
	政策后	35 603.40	11 284.76	727.27	21 958.13	382.50	1 143.44
黑山嘴镇	政策前	18 886.30	7 055.52	8 571.43	12 000.00	0.00	108.00
	政策后	37 174.20	11 628.29	7 142.86	23 620.00	174.00	723.00
虎什哈镇	政策前	31 444.50	12 145.64	28.41	19 263.60	0.00	6.82
	政策后	43 005.70	6 723.86	600.00	29 618.18	4 683.64	1 380.00
付家店乡	政策前	19 483.30	3 995.11	0.00	15 488.20	0.00	0.00
	政策后	37 640.70	5 335.41	0.00	28 776.47	2 328.82	1 200.00
巴克什营镇	政策前	30 297.50	4 696.25	3 125.00	22 206.30	0.00	270.00
	政策后	107 955.00	2 910.56	3 125.00	39 037.50	58 496.90	4 385.00

相对于"稻改旱"政策实施前，政策实施后样本各个区域收入结构变化空间异质性较大。图6-4为"稻改旱"政策前后各个乡镇户均家庭收入结构变化情况，从图中可以看出，巴克什营镇政策前后收入结构变化最显著，其农业收入比重由政策前的15.50%减少到政策后的2.7%，工资性收入占总收入的比例由政策前的73.29%减少到政策后的36.16%，而财产性收入比重由政策前几乎为零增加到政策后的54.19%，其转移性收入由政策前的0.89%增加到政策后的4.06%。相对而言，"稻改旱"政策前后付家店乡收入结构较为平稳，其各项收入结构变化最小。

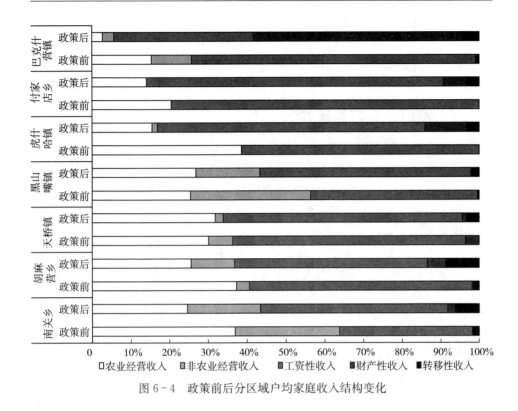

图 6-4 政策前后分区域户均家庭收入结构变化

6.3 "稻改旱"政策对农户收入影响的实证分析

"稻改旱"政策对农户收入影响主要关注两方面,一方面是政策是否改善了农户收入,另一方面是政策对农户收入影响是否存在异质性。为了探究"稻改旱"政策是否改善了农户收入,本书将采用倾向匹配倍差模型和多元线性回归模型进行实证分析,其中,多元线性回归模型结果作为倾向匹配倍差模型结果的参照。为了厘清政策对农户收入影响异质性,本书将基于分位数回归模型进行实证分析。多元线性回归模型作为经典的因果关系分析工具,利用该模型探究参与"稻改旱"政策对农户家庭经济影响的平均效应。多元线性回归模型尽管可以解释"稻改旱"农户家庭收入条件均值的变化规律,但难以刻画政策与农户家庭收入分位数的因果关系(Cameron et al.,2010),为此,本书将利用分位数回归模型进一步探究"稻改旱"政策的实施对农户收入不同分位的影响。从两个模型的估计方法来看,相对多元线性回归模型,分位数回归估计在样本数据分位、样本异方差、误差项分布等问题上约束性更小,对于存在非正态分布的数据,分位数回归模型估计结果更加精确和稳健。上述两种模型虽然能分析解释变量与被解释变量之间的因果关系，但当存在内生性问题时前两种模型适用性较差。倾向匹配倍差模型的引入很好地解决了这个问题，该模型不仅能通过匹配倍差缓解内生性问题，还能通过匹配方法很好地解决样本偏差问题。

6.3.1 模型设定与估计方法

（1）多元线性回归模型

多元线性回归模型的原理是采用因变量条件均值的函数来描述自变量每一特定数值下的因变量均值，从而揭示自变量与因变量的关系（Jan，2010）。由此，为了研究"稻改旱"政策与农户的收入关系本书引入多元线性回归模型，具体模型设定如下：

$$Y_i^{lR} = \alpha + \beta P_i + \gamma Z_i + \eta D + \varepsilon_i \qquad (6-9)$$

式中，Y_i^{lR} 为农户家庭收入类变量，具体包括总收入及分项收入，P_i 为"稻改旱"政策虚拟变量，参与政策则变量取值为 1，反之取值为 0，Z_i 为其他影响收入的控制变量集，主要包括决策者特征、家庭特征和地块特征、村级特征等，D 为地区虚拟变量，ε_i 为残差项，α，β，γ，η 为模型待估参数。多元线性回归模型估计方法为最小二乘法（OLS），其参数估计的思想是使得函数的残差平方和最小。

值得注意的是该模型的不足之处在于研究的问题可能存在内生性问题，进而导致模型回归结果一致性受影响，因此该模型回归结果作为"稻改旱"政策对农户收入影响方向的趋势性判断，下文将利用倾向匹配倍差模型进行政策对农户收入影响的有效识别。

（2）倾向匹配倍差模型

本书将利用倾向匹配倍差模型进一步甄别"稻改旱"政策的"净影响"。需要说明的是倍差法一直是政策影响评估广泛使用的方法，它能通过差分得出政策处理效应并缓解内生性问题，但不能很好地解决样本偏差问题，因此，在做双重倍差法之前应先选取一批各方面特征与处理组"尽可能相似"的未参与政策的构成参照组（董艳梅和朱英明，2016），即进行倾向匹配得分估计（PSM）（Wooldridge，2000）。最终选择倾向得分匹配法与倍差法相结合的方法，即倾向匹配倍差法（PSM-DID）控制来自不同区域、不同群体之间的不随时间变化的两组之间的经济差异，这种方法克服了 OLS 回归和传统方法估计有偏的不足，能够相对有效地减少遗漏变量、选择性等导致的可能内生性问题，因而可以更精确地估计"稻改旱"政策对农户经济净影响。

模型的基本原理是首先将处理组和参照组的样本农户进行匹配，以倾向得分作为判断标准选择出特征相似的两组样本，使得匹配后处理组和参照组满足

共同支撑域假设,其次基于倾向匹配后的双重差分方法得出政策的经济影响方向和程度。具体步骤可分为如下三步:

第一步估计倾向得分。倾向得分是给定多维特征向量后个体接受处理的条件概率。本文用 Logit 概率模型估计条件概率,从而获得倾向匹配得分(PS)值:

$$p(X_i) \equiv \Pr(D_i = 1 \mid X_i) = \frac{\exp(\beta X_i)}{1 + \exp(\beta X_i)} \qquad (6-10)$$

其中,$D = \{0, 1\}$ 表示是否处于处理组,X_i 代表协变量向量,β 是相应的参数。

第二步匹配处理组和参照组,在倾向得分基础上选择匹配方法。常用匹配方法包括最近邻样本匹配、卡尺匹配、核估计匹配和样条匹配等,关于具体匹配方法或参数选择学术界还没有明确界定准则,特定匹配方法选择依赖于研究所用的具体数据特点(陈强,2014)。所有匹配方法中一对一匹配在提高样本利用率、匹配精度方面具有优势(Peikes et al.,2008),而且,该匹配方法对参照组样本数不多的数据匹配效率更高,这与本书数据特征相符。因此,本书以一对一匹配方法为基准,并且为了减少样本损失采用样本有放回匹配,据此得到符合匹配标准的两组共同支撑域。在此基础上进行平衡性检验,即检验政策实施前匹配后的参照组和处理组是否具有共同的趋势。进行平衡性检验的必要性在于,在没有匹配条件下的评估可能会导致参照组和处理组政策影响结果存在偏差。然而,普通最小二乘估计方法没有将此情况纳入模型估计。参照组和处理处参与倾向匹配后,若两组具有共同发展趋势则表明两组的经济差异是由是否参与政策所致。

第三步基于倾向匹配得出政策的经济影响计算处理组和匹配后参照组的平均处理效应。在倾向匹配的基础上得出政策的影响结果,相应的模型设定如下所示:

$$Y_{it}^{PSM} = \alpha + \beta PLDL_{it} + \theta Year_{it} + \eta PLDL_{it} \times Year_{it} + \lambda X_{it}$$
$$+ \mu_i + \gamma_t + \varepsilon_{it} \qquad (6-11)$$

本书将"稻改旱"政策实施看作拟自然实验,全部样本分为处理组和参照组,以参与"稻改旱"政策的农户作为处理组,设为 T,把未参与政策的其他乡镇或村作为参照组,设为 C。式中,以农户 i 时期 t 的收入作为因变量 Y_{it}^{PSM},为了剔除价格变化产生的影响,以 2006 年为基期运用 GDP 平减指数对收入或消费类变量进行缩减。$PLDL_{it}$ 为是否参与政策的虚拟变量,虚拟变量的取值规定如下:如果农户处在处理组中则 $PLDL_{it}$ 取值为 1,若农户处于参照组则 $PLDL_{it}$ 取值为 0。$Year_{it}$ 作为识别政策前后变量,由于政策在本书选择的样本区域于 2007 年开始实施,所以,把政策实施前的 2006 年看作政策未发生变动的年份，$Year_{it}$ 取值为 0，把政策实施后的 2017 年看作受政策变动影响的年份，$Year_{it}$ 取值为 1。交叉项 $PLDL_{it} \times Year_{it}$ 的系数 η 即为"稻改旱"政策对农户收入的影响。X_{it} 为影响政策农户收入的控制变量，λ 为相应的估计参数。μ_i 为个体固定效应，γ_t 为时间固定效应，ε_{it} 为残差项。

（3）分位数回归模型

前两种模型主要描述了因变量农户家庭收入条件均值的变化，但自变量各个因素与因变量农户家庭收入的分位数呈现何种关系却不得而知。有鉴于此，本书运用分位数回归模型厘清"稻改旱"政策对农户收入异质性的影响。该模型最初由美国的两位经济学者于 20 世纪 70 年代末提出，该模型主要作用在于可以估计出自变量和不同分位点的因变量之间的线性关系，而且，可以较为完整地反映因变量条件分布（陈强，2014）。相对于普通最小二乘估计，分位数回归模型估计在两方面具备相对优势，一方面在数据适用性上，如果参与估计的数据分布形态严重偏离正态分布或者具有异方差，此时分位数回归估计结果稳健程度更高。另一方面，分位数回归模型中不要求扰动项严格满足基本假设，相对而言该模型灵活性更强。本书采用的分位数回归模型具体如下所示：

假设随机变量 y 的分布函数为：

$$F(y) = \mathrm{Prob}(Y \leqslant y) \tag{6-12}$$

Y 的 q 分位数定义如下：

$$Q_q(Y^{QR} \mid X_i) = X'_i \beta_q, 0 < q < 1 \tag{6-13}$$

式中，Y^{QR} 为分位数回归模型中的因变量农户家庭收入，q 表示因变量第 q 分位数，表示因变量的数值低于这一百分位数的个数占总体的 $q\%$，$Q_\tau(Y^{QR} \mid X_i)$ 表示给定 X_i 条件下 Y^{QR} 的 q 分位数，β_q 为 q 分位数回归系数。

分位数回归模型估计方法为最小绝对值离差估计（LAD）。估计的原理是在绝对值损失函数中，使得函数残差绝对值之和最小以此获得估计参数。统计学中损失函数用于反映损失或错失程度的函数，用 $L(\theta, \alpha)$ 表示，其中，参数 α 表示行动，参数 θ 表示状态，$L(\theta, \alpha)$ 取值非负。损失函数没有固定形式，通常根据实际需要而设定，绝对值损失函数定义如下：

$$L(\theta, \alpha) = \begin{cases} k_0(\theta - \alpha), \alpha \leqslant \theta \\ k_1(\alpha - \theta), \alpha > \theta \end{cases} \tag{6-14}$$

式中，k_0 和 k_1 为常数，其取值大小用于衡量行动 α 低于状态 θ 的相对重要性。当 $k_0 = k_1$ 时则为绝对值损失函数。分位数回归估计的思想是使得样本值和拟合值之间的距离最短，分位数回归模型的估计量 $\hat{\beta}_q$ 由绝对值损失函数的加权残差绝对值最小化问题求得（秦强和范瑞，2018），参数估计公式如下所示：

$$\hat{\beta}_q = \min_{\xi \subset R} \sum_{i=1}^{n} \rho_\tau (Y_i - \xi)$$

$$= \min\{\sum_{i,\,yi \geqslant x'\beta_q}^{n} q \mid yi - xi'\beta_q \mid + \sum_{i,\,yi \geqslant xi'\beta_q}^{n} (1-q) \mid yi - x_i'\beta_q \mid\}$$

$$(6-15)$$

探究农户家庭收入不同分位点下"稻改旱"政策的影响，本章将使用如下具体分位数回归模型：

$$incom_{qit} = \alpha + \beta P_{it} + \gamma Z_{it} + \eta D + \mu_i + \lambda_t + \varepsilon_{it} \qquad (6-16)$$

式中，$incom_{qit}$ 为个体 i 时间 t 时的家庭收入，因变量分别设为家庭总收入、家庭农业收入、家庭非农收入。此外，为了减少数据波动影响，对收入作取对数处理。α 为常数项，q 为分位数，分别取 0.25、0.5、0.75，其余变量和参数含义和上文保持一致。

6.3.2　变量选择与统计描述分析

实证模型中主要包括三类变量：结果变量、核心变量和控制变量，表 6-4 和表 6-5 分别为全样本、参照组和处理组样本三类变量描述性统计，以下对三类变量选择及描述统计做详细说明。

结果变量。"稻改旱"政策农户经济影响三个实证模型估计中，均以农户家庭收入为因变量，重点考察总收入及各分项收入，例如，经营性收入、工资性收入、财产性收入、转移性收入，此外还会考察经营性收入中的农业收入。为了增强多元线性模型回归稳健性，将因变量收入取对数。

表 6-4　全部样本变量描述性统计

类别	变量	变量含义	选项或单位	全部样本	
				Mean	Std. Dev.
结果变量	ttincm	家庭总收入	元	27 021.060	37 168.590
	nyincom	农业收入	元	7 047.858	9 379.922
	fnjyinm	非农经营收入	元	1 526.476	8 492.506
	gz	工资性收入	元	15 097.410	28 479.830
	ccincm	财产性收入	元	1 632.498	16 397.500
	zyincm	转移性收入	元	1 265.422	4 424.292
核心变量	ifpdy	是否参加政策	1=是，0=否	0.499	0.500
控制变量	hzgender	户主性别	1=男，0=女	0.929	0.257
	hzage	户主年龄	周岁	54.037	10.762
	hzedu	户主教育	年	6.642	3.213

（续）

类别	变量	变量含义	选项或单位	全部样本	
				Mean	Std. Dev.
控制变量	*hzhealth*	户主健康	1＝很差，2＝较差，3＝中等，4＝较好，5＝很好	3.364	1.226
	hzizfcung	户主政治身份	1＝是，0＝否	0.127	0.345
	hzskill	户主手艺技能	1＝是，0＝否	0.196	0.397
	famlynum	家庭规模	人	3.571	1.598
	lfaimlyland	家庭耕地面积	亩	1.708	0.512
	cunshuil	村水利设施条件	1＝较好，2＝中等，3＝较差	2.069	0.730
	cunzaihnum	自然灾害次数	次	2.718	0.947
	lcunjlcounty	村离县城距离	千米	3.711	0.443
	cunintenet	村信息化水平	％	14.189	16.819
N	—	—		786	

核心变量。模型以是否参与"稻改旱"政策为核心变量，并控制家庭决策者特征、家庭特征、村级特征、气候特征等。是否参与"稻改旱"政策，它是在密云水库上游潮白河流域沿线实施的政策，它以鼓励沿线农户停止种植水稻改种旱作物参与到政策中，由变量描述表可得该变量均值为 0.50，标准差为 0.50。

表 6-5　参照组和处理组所有变量描述性统计

变量	参照组		处理组	
	Mean	Std. Dev.	Mean	Std. Dev.
ttincm	21 994.070	26 147.850	32 073.700	45 114.760
nyincom	6 818.476	9 738.784	7 278.410	9 011.413
fnjyinm	933.651	5 089.912	2 122.325	10 865.030
gz	12 446.630	20 629.690	17 761.710	34 445.120
ccincm	137.589	861.010	3 135.034	23 120.520
zyincm	1 411.995	5 013.631	1 118.102	3 740.379
hzgender	0.959	0.198	0.898	0.303
hzage	53.992	10.503	54.082	11.029
hzedu	6.490	3.074	6.796	3.344
hzhealth	3.256	1.222	3.472	1.222

（续）

变量	参照组		处理组	
	Mean	Std. Dev.	Mean	Std. Dev.
hzifcung	0.107	0.309	0.148	0.376
hzskill	0.168	0.374	0.224	0.418
famlynum	3.779	1.656	3.362	1.511
lfaimlyland	1.684	0.515	1.732	0.509
cunshuil	2.386	0.694	1.750	0.618
cunzaihnum	3.277	0.830	2.156	0.689
lcunjlcounty	3.730	0.402	3.693	0.479
cunintenet	13.574	17.974	14.806	15.570
N	394		392	

本章选取了户主特征类变量、家庭特征类变量、村级特征类变量三类变量作为模型的控制变量，以下对三类控制变量做详细的说明。

户主特征类变量包括①户主性别。调研问卷中定义"户主男性取值为1，女性取值为0"。已有研究表明，由于男性和女性在思维方式的差异，因此，男性户主和女性户主在家庭生产经营的决策可能会有较大差异，进而带来家庭生产经营绩效上的差异。由样本描述性统计表可得，该变量样本均值0.93，这表明在滦平县、丰宁县样本农户中，家庭决策者为男性的更多。②户主年龄。家庭决策者年龄越大其一定程度上对外界生产环境变化适应较慢，对农业生产新技术接受意愿比较低，主动进行农业生产方式调整的可能性会更小，因而会对农户生产经营效果产生影响。由样本描述性统计表可得，该变量样本均值为54岁。③户主教育程度。已有文献指出，家庭决策者的科学文化素质会一定程度上影响其在新技术、生产方式方面的学习能力，而且也会影响其资源、信息获取，因而可能影响家庭收入。较低科学文化素质的户主可能会难以充分理解政策设计初衷、技术应用，进而不利于区域水资源可持续利用以及农户家庭生产绩效。由样本描述性统计表可得，该变量样本均值6.6年。④户主健康状况。健康程度作为衡量劳动力质量重要维度，健康程度好坏会影响家庭决策质量高低。⑤户主政治地位。结合问卷，本文以"户主是否担任过村组干部"作为衡量其政治地位具体指标，拥有一定的政治地位直接或间接地带来更多的信息、资源，进而可能会增加家庭经营绩效（徐畅等，2016），由样本描述性统计表可得，该变量样本均值0.13，这表明有政治身份的户主占13%。⑥户主风险态度。已有研究大多表明风险态度对农户感知新技术、采用新技术以及调整传统经营方式有重要影响，风险偏好型的农户其生产经营改变意愿更大、适应能力更强。

家庭特征类变量包括：①家庭人口规模。在生产力水平和科学技术稳定的前提下，通常家庭人口规模大小能表征农户家庭需求的农业资源需求程度高低。"稻改旱"政策开展带来农业水资源减少的条件下，为了维持原有的资源水平农户将追加更多的其他资源要素投入，对农业产出结果产生影响。由样本描述性统计表可得，该变量样本均值3.5人。②耕地面积。由样本描述性统计表可得，该变量均值为1.7亩。

村庄特征类变量包括：①村信息化水平，由"村中家庭接入互联网的比重"反映。由样本描述性统计表可得，该变量样本均值14.19%，这表明村平均信息化水平较低。②自然灾害。根据调研问卷内容，采用自然灾害发生频次反映自然条件的好坏，农业生产是经济再生产和自然再生产相交织的过程，受自然因素的影响较大，使得劳动成果具有不确定性。该变量样本均值2.7，这表明农业生产的自然环境一般。③村水利设施状况。由样本描述性统计表可得，该变量样本均值2.07，这表明样本区域整体的水利设施状况中等偏下。④市场距离。用村离最近县城距离反映与市场的远近，已有研究表明，离市场越近的地区接收到信息、获得的便利等各方面条件较好，对提高经济有积极作用。由样本描述性统计表可得，该变量样本均值3.71千米，这表明整体上样本村庄离市场距离较近。

6.3.3 政策前两组农户比较分析

开展定量结果研究前，本书将从参照组和处理组两组农户基本特征、户均收入差异两方面进行比较分析，基本特征分析围绕影响农户收入的变量展开，收入差异分析中分别探究了两组农户收入的均值差异、中位数差异。通过以上两方面的研究拟在比较分析中发现"稻改旱"政策对农户收入影响的趋势性规律，为下文的模型定量研究提供基础。

（1）两组农户特征分析

表6-6报告了参照组和处理组参与政策前的特征比较结果，由表可得，两组在整体特征上差异较小，在协变量中，虽然两组在家庭人口规模、村水利设施条件、自然灾害特征上有差异，但该结果是单因素比较的，这也表明本书评估"稻改旱"政策采用倾向匹配倍差模型的必要性。

表6-6 参照组和处理组参与政策前特征分析

变量	C	T	Standard error	Mean Diff	T
hzgender	0.960	0.900	0.120	0.060	2.380
hzage	48.490	48.580	−0.030	−0.090	−0.100

（续）

变量	C	T	Standard error	Mean Diff	T
hzedu	6.490	6.800	−0.173	−0.310	−0.940
hzhealth	3.680	3.850	−0.163	−0.170	−1.570
hzifcung	0.100	0.120	−0.054	−0.030	−0.820
hzskill	0.170	0.220	−0.095	−0.060	−1.420
famlynum	3.910	3.530	0.334	0.390	2.82
lfaimlyl~d	1.690	1.730	−0.042	−0.030	−0.610
cunshuil	2.390	1.700	0.848	0.690	10.27
cunzaihnum	3.190	2.040	1.251	1.150	13.39
lcunjlco~y	3.730	3.690	0.060	0.040	0.920
cunintenet	1.940	2.030	−0.058	−0.080	−0.420

图 6-5 为政策实施前参照组和处理组因变量的核密度分布，由图可得，参照组在家庭总收入分布上比处理组家庭收入分布更靠左，即表现出参与政策农户在家庭总收入上相对更高的现象。而且，样本数据呈现一定的拖尾现象，进一步证明有必要采用分位数回归模型。

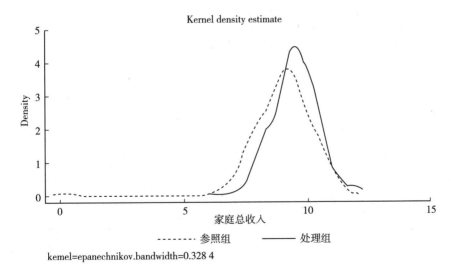

图 6-5　参照组和处理组政策前农户家庭总收入核密度

（2）两组农户收入均值和中位数差异

表 6-7 为"稻改旱"户和非"稻改旱"户户均家庭总收入和各项收入均

值差异情况，由表可得，相对于 2006 年"稻改旱"政策实施前，政策实施后参与政策农户家庭和未参与政策农户家庭的总收入及各项收入（农业收入、非农经营收入、工资性收入、财产性收入和转移性收入）均呈现增长趋势，非"稻改旱"户与"稻改旱"户在总收入和各项收入上均值差异较为显著，参与政策组和非参与政策两组样本在收入上存在显著差异，这间接证明了参照组和处理组划分的合理性。通过两组样本均值检验来看，政策实施前，参与政策农户户均总收入比没有参加政策户户均家庭总收入高 6 778.71 元，政策实施后，两组样本之间的总收入差距拉大到 13 000 余元，并且，两个时间的总收入差距均在 1% 的显著水平上通过检验。

表 6-7 "稻改旱"户和非"稻改旱"户户均家庭收入均值差异

单位：元

收入类型	非"稻改旱"户		"稻改旱"户		两组收入差异的 T 检验	
	2006 年	2017 年	2006 年	2017 年	2006 年	2017 年
总收入	13 808.63	30 178.88	20 587.34	43 560.06	−6 778.71*** (−3.15)	−13 000.00*** (−2.92)
农业经营收入	4 885.34	8 714.97	6 003.87	8 552.91	−1 118.54* (−1.93)	162.05 (0.14)
非农经营收入	823.65	1 041.81	2 129.97	2 113.7	−1 306.32 (−1.14)	−1 071.89*** (−2.70)
工资性收入	7 758.88	17 164.12	12 215.97	23 306.89	−4 457.09** (−2.49)	−6 142.77* (−1.72)
财产性收入	0.00	273.26	109.01	6 159.35	−109.01 (−1.17)	−5 886.09** (−2.55)
转移性收入	340.76	2 487.37	128.52	2 106.21	212.24 (1.09)	381.16 (0.65)

注：收入差异的均值检验中括号内的值为 t 值。*、**、***分别表示在 10%、5% 和 1% 的显著水平上通过检验。

分项收入来看，2006 年"稻改旱"户和非"稻改旱"户在农业收入上的差距为 1 118.53 元，并且在 10% 的水平上显著，然而，2017 年两个群体之间的农业收入差距在统计学意义上不显著，原因可能是政策实施后"稻改旱"户农业种植相对经济优势不明显，即"稻改旱"户农业种植经济效益相对非"稻改旱"低，进而农业产值相对较少。此外政策实施后，由于比较收益的驱动，"稻改旱"部分户农地经营强度减弱或外出务工增加。2006 年非"稻改旱"户户均家庭非农经营性收入比"稻改旱"户户均低 1 306.32 元，但是这两组群体在该项收入的差距不存在统计学上的显著。2017年"稻改旱"户比非"稻改旱"户在非农经营收入上户均高出1 071.89元,并在1%的水平上通过显著性检验。2006年"稻改旱"户与非"稻改旱"户家庭工资性收入差距为4 457.09元,到2017年,这一差距扩大到6 142.77元。此外,两组工资性收入差距分别在5%、10%的显著水平上通过检验。财产性收入方面,2006年非"稻改旱"户户均比"稻改旱"户仅低109.01元,但是,这一差距不具有统计学意义上的显著。到2017年两个群体之间的财产性收入差距大大增加,"稻改旱"户户均财产性收入比非"稻改旱"户高出达5 886.09元。转移性收入差距方面,2006年和2017年两个群体在该项收入差距变化较小,保持平稳。然而,两个时间点上"稻改旱"户和非"稻改旱"户转移性收入差距均不具有统计学上的显著意义。

在均值差异基础上,本书进一步采用中位数差异检验分析非"稻改旱"户和"稻改旱"户两组群体在各项收入上的中位数差异,结果如表6-8所示。均值差异检验能反映不同样本平均分布状况差异,但不能衡量样本分布的集中程度差异及差异程度。从中位数差异表可以看出,总收入及各项收入在两组群体之间存在显著差异,进一步证明了分组的科学性。"稻改旱"户与非"稻改旱"户2006年和2017年在总收入中位数上有显著差异,并且,分别在1%水平上、5%水平上通过检验。农业收入指标上两组群体收入水平较为接近,没有显著差异。非农经营收入指标上,2006年两组群体收入中位数差距在统计学意义上不显著,而2017年两组群体收入中位数差距在1%的水平上显著。工资性收入指标上,2006年和2017年两组群体收入中位数差距均显著,并分别在1%水平、10%水平上通过检验。"稻改旱"户和非"稻改旱"户家庭财产性收入中位数差异分别在10%水平、1%水平上通过检验,而2006年两组群体在转移性收入中位数差距上不存在统计学上的显著意义,2017年两组群体收入中位数差距在5%的水平上显著。

表6-8 "稻改旱"户和非"稻改旱"户户均家庭收入中位数差异

单位:元

收入类型	非"稻改旱"户		"稻改旱"户		中位数检验	
	2006年	2017年	2006年	2017年	2006年	2017年
总收入	8 800	19 000	13 000	27 000	18.383***	5.152**
农业收入	3 840	5 600	4 000	5 750	0.916	0.206
非农经营收入	0	0	0	1 892.5	0.037	268.765***
工资性收入	3 000	5 100	5 800	10 000	10.097***	2.769*

（续）

收入类型	非"稻改旱"户		"稻改旱"户		中位数检验	
	2006 年	2017 年	2006 年	2017 年	2006 年	2017 年
财产性收入	0	0	0	0	3.039*	23.764***
转移性收入	0	1 080	0	0	0.299	4.705**

注：*、**、***分别表示在10%、5%和1%的显著水平上通过检验。

6.3.4 实证结果与分析

（1）多元回归模型结果分析

为了提高模型估计结果的科学性，多元线性回归之前首先对模型多重共线性问题、异方差问题进行检验。多重共线性会使模型方差估计结果有偏差，为了检验多重共线性问题测算了两两变量之间的 Pearson 系数，表 6-9 为各解释变量之间相关系数结果，由表可得，变量之间相关系数均小于 0.5，即模型所选取变量通过多重共线性检验，不存在多重共线性。

多元线性回归模型中分别以农业收入、非农收入和总收入作为结果变量，模型回归结果如表 6-10 所示。对于模型可能存在的异方差问题，本书使用 White 检验，检验结果表明，三个模型的异方差检验 F 统计量取值分别为 5.69、3.09、4.46，通过显著性检验，因此，模型存在异方差问题。为此，本文使用 White 稳健估计进行回归。由表可得，三个模型 F 值分别为 7.14、2.86、3.90，分别在 1%、5%、1% 水平上通过检验，拟合优度 R^2 分别为 0.10、0.14、0.16 这表明模型整体拟合效果较好。为了增加多元线性回归模型收入变量稳定性，对家庭总收入、农业收入和非农收入三个被解释变量取对数处理，从模型各个变量回归结果来看，是否参与政策变量对农户家庭非农收入对数有正向影响，并在 10% 的显著水平上通过检验，参与政策农户家庭非农收入相对非政策农户家庭非农收入平均水平高出 38.9%。是否参与政策变量对农户家庭农业收入对数没有显著影响，"稻改旱"政策实施后，政策农户水稻种植面积减少，由于水稻相对常规旱作在单位面积收益、净利润的优势，使得农业收入不同程度的减少。在"稻改旱"政策引入不降低农户经济福利政策宗旨下，地方政府会带动农户增加种植收入多样化以便抵消农业收入损失、降低参与政策风险，然而，该措施带来的抵消作用并不显著。是否参与政策变量对农户家庭总收入对数有正向影响，并在 5% 的显著水平上通过检验，参与政策农户家庭非农收入相对非政策农户家庭非农收入平均水平高出 47.3%。从三个模型控制变量影响来看，常数项在三个模型中均在 5% 水平上通过显著性检验，户主健康状况对农户家庭总收入有显著的正向影响，并在 10% 水平

表 6 - 9 解释变量 Pearson 相关系数

变量	hzgender	hzage	hzedu	hzhealth	hzjifcung	hzskill	famlymum	lfaimlyland	cunshuil	cunzaihnum	lcunjlcounty	cunintenet
hzgender	1.000											
hzage	0.011	1.000										
hzedu	0.105	-0.296	1.000									
hzhealth	-0.011	-0.408	0.118	1.000								
hzjifcung	0.016	0.021	0.099	0.113	1.000							
hzskill	0.037	-0.107	0.168	0.079	0.135	1.000						
famlymum	0.133	-0.275	0.128	0.135	-0.065	0.040	1.000					
lfaimlyland	0.067	-0.069	0.004	0.099	0.038	-0.002	0.223	1.000				
cunshuil	0.074	0.067	-0.124	-0.038	0.036	-0.020	0.086	0.033	1.000			
cunzaihnum	0.059	0.038	0.006	-0.033	0.032	-0.029	0.112	-0.053	0.338	1.000		
lcunjlcounty	0.059	0.006	-0.014	0.036	0.027	0.039	0.050	0.125	0.033	0.086	1.000	
cunintenet	-0.026	0.390	-0.013	-0.273	0.037	0.011	-0.138	0.001	-0.217	-0.063	0.126	1.000

上通过检验，家庭耕地面积对家庭农业收入、总收入有显著影响，均在5％水平上通过检验，家庭人口规模对农户家庭非农收入和总收入发挥积极作用，村信息化水平在10％水平上对农户家庭非农收入发挥着显著的促进作用。

表6－10 "稻改旱"政策农户收入影响多元线性回归结果

变量	农户家庭收入		
	农业收入	非农业收入	总收入
pdy	0.332	0.389*	0.473**
	(1.48)	(2.02)	(2.89)
hzgender	−0.334	−0.272	−0.235
	(−1.03)	(−0.86)	(−1.20)
hzage	−0.003	0.001	0.003
	(−0.32)	(0.10)	(0.45)
hzedu	0.006	0.015	0.026
	(0.16)	(0.65)	(1.23)
hzhealth	0.041	0.116	0.130*
	(0.41)	(1.45)	(2.31)
hzifcung	0.305	−0.238	0.026
	(1.54)	(−0.95)	(0.15)
hzskill	−0.358	0.223	0.009
	(−1.38)	(1.26)	(0.05)
famlynum	0.117	0.194**	0.186**
	(1.60)	(3.13)	(4.47)
lfaimlyland	0.788**	0.178	0.368**
	(4.02)	(1.31)	(4.00)
cunshuil	0.034	0.046	0.042
	(0.27)	(0.37)	(0.50)
cunzaihnum	−0.031	−0.109	−0.080
	(−0.43)	(−1.32)	(−1.21)
lcunjlcounty	−0.133	0.023	−0.011
	(−0.75)	(0.16)	(−0.10)
cunintenet	−0.062	0.074*	−0.006
	(−1.00)	(2.03)	(−0.16)
_cons	6.959**	7.300**	7.261**
	(7.06)	(7.12)	(11.05)
R^2	0.10	0.14	0.16
VIF	1.14		
F	7.14***	2.86**	3.90***

注：括号中统计量为 t 值，*、**、*** 分别表示在10％、5％和1％的显著水平上通过检验。

（2）倾向匹配倍差模型实证结果分析

上述的两种模型回归结果表明政策实施对农户经济有一定积极的影响，但这种经济影响是否受到自选择问题干扰却无法识别。而且，"稻改旱"政策对农户经济影响的净贡献也难以识别。为此，本书将采用 PSM-DID 的方法甄别政策对农户经济的影响方向和影响程度，以便更准确地衡量政策的外部性。

首先，本书用 Logit 概率模型估计条件概率，从而获得倾向匹配得分（PS）值。Logit 模型回归结果见表 6-11，由表可得，是否参与政策与户主性别、户主年龄、户主健康程度、村级自然灾害数目以及村离最近的中学距离存在显著关系，与户主婚姻状况、户主教育程度、户主政治身份、户主是否党员、家庭人口规模和村距离最近县城距离变量没有显著关系。

表 6-11　倾向匹配得分 Logit 模型

协变量	系数	标准误	Z 值	P
hzgender	-1.635	0.677	-2.41	0.016
hzage	0.044	0.021	2.14	0.032
hzmarry	0.335	0.967	0.35	0.729
hzedu	0.071	0.053	1.34	0.181
hzhealth	0.400	0.141	2.84	0.005
hzifcung	0.659	0.455	1.45	0.148
hzifdangy	-0.225	0.306	-0.74	0.462
famlynum	-0.048	0.107	-0.45	0.656
faimlyland	0.042	0.058	0.73	0.463
cunzaihnum	-2.236	0.268	-8.34	0.000
cunjlcounty	0.015	0.009	1.62	0.105
cunjlchuzh	0.019	0.009	1.98	0.048
Pseudo R^2		0.074		

其次，为了掌握两组匹配前后样本分布差异，本书给出了处理组和参照组的核密度图，如图 6-6 所示，由图可得两倾向得分值概率核密度分布存在明显的差异。处理组的倾向得分值分布偏右 [图 6-6(a)]，平均得分低于控制组，参照组得分较高部分迅速达到顶峰后急转直下，而处理组的分布呈上升，两者相交后，处理组的分布始终高于参照组。完成匹配后 [图 6-6(b)]，两组样本倾向得分值的概率分布已经非常接近，这表明影响农户是否参与"稻改旱"政策的因素非常接近，也表明两组的最终差异是由是否参与"稻改旱"政策所致。

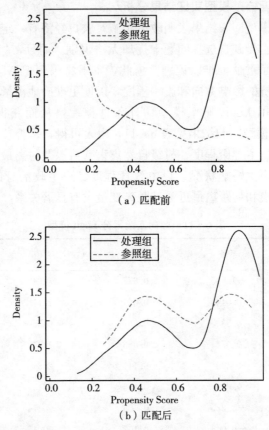

图 6-6 匹配前后处理组与参照组倾向得分值核密度分布对比

　　接着，在倾向得分的基础上进行平衡性检验。平衡性检验，即检验协变量在参照组和处理组之间是平衡的、分布无显著差异，其作用在于提高 PS 匹配结果的精度（孙文凯和王乙杰，2016）。表 6-12 为匹配前和匹配后协变量偏差绝对值的分布特点，由表可得，匹配后大多数变量的标准化偏差小于 25%，大多数变量的标准化在匹配后缩小了，即表明匹配结果较好地平衡了数据。而且，大多数变量的 T 检验结果不拒绝处理组与控制组无系统差异的原假设。因此，两组通过平衡性检验。

表 6-12　协变量匹配质量检验

| 变量 | Unmatched Matched | Mean | | %bias | %reduct \| bias \| | T test | | V (T)/ V (C) |
		Treated	Control			T	P	
hzgender	U	0.916	0.885	10.3		0.68	0.495	—
	M	0.916	0.927	−3.7	63.9	−0.39	0.695	—

（续）

变量	Unmatched Matched	Mean		%bias	%reduct | bias |	T test		V（T）/ V（C）
		Treated	Control			T	P	
hzedu	U	6.871	7.115	−7.6		−0.47	0.638	1.16
	M	6.871	6.472	12.4	−63.1	1.17	0.243	1.17
hzhealth	U	3.107	3.173	−5.3		−0.34	0.732	0.89
	M	3.107	3.180	−5.9	−10.1	−0.54	0.589	0.82
famlynum	U	3.270	3.365	−5.7		−0.35	0.723	1.17
	M	3.270	3.118	9.1	−58.5	0.88	0.379	1.34
faimlyland	U	6.371	6.400	−1		−0.06	0.95	0.98
	M	6.371	6.307	2.2	−120.5	0.21	0.833	1.07
landqualty	U	1.921	2.115	−25.2		−1.62	0.107	0.93
	M	1.921	1.989	−8.8	65.3	−0.84	0.399	1.01
cunzaihnum	U	2.376	2.673	−56.8		−3.57	0.000	1.07
	M	2.376	2.433	−10.8	81.1	−1.02	0.308	1.09
cunjlcounty	U	45.461	45.042	2.4		0.15	0.883	1.26
	M	45.461	39.903	31.8	−1 228.3	3.17	0.002	1.67*
cunintenet	U	25.957	22.194	25		1.83	0.068	0.38*
	M	25.957	17.298	57.6	−130.1	6.42	0.000	0.62*

最后，通过倾向匹配倍差模型交叉项系数甄别参与"稻改旱"政策对农户收入的影响。本文基于 Stata15.0 软件分析，表 6-13 为"稻改旱"政策对农户家庭总收入及各项分项收入影响的模型结果，其中，模型（1）是基本的倾向匹配倍差模型，模型（2）代表加入其他协变量的倾向匹配倍差模型。

以总收入为结果变量而言，总收入模型整体拟合效果较好，F 统计量在 1% 的水平上通过显著性检验，而且模型拟合优度 R^2 为 0.202。从时间变化上看，模型（1）和模型（2）中年份变量的系数均为正，并且在 1% 的显著水平上通过检验，这表明"稻改旱"政策实施后相对政策前家庭总收入水平显著增加。从横向比较上看，"稻改旱"农户家庭总收入均值高于非"稻改旱"农户，并在 10% 的水平上通过显著性检验，平均高出 4 922 元。从"稻改旱"政策实施后的经济影响来看，两个模型中交叉项系数分别在 5%、1% 的水平上显著为正，即"稻改旱"政策的实施显著增加了农户家庭经济状况，平均处理效应为 17 245 元。也就是说在控制了其他主要特征的影响后，参与"稻改旱"政策后处理组农户家庭总收入比未参加政策的农户家庭收入平均水平高 17 245元，按样本户均人口规模计算，"稻改旱"政策使得家庭人均收入水平增加

4 830元。"稻改旱"政策对农业收入影响没有通过显著性检验，政策对农户收入存在负向影响。

表6-13　"稻改旱"政策对农户家庭总收入、农业收入影响PSM-DID模型结果

变量	总收入				农业收入	
	模型（1）		模型（2）		模型（2）	
	系数	T值	系数	T值	系数	T值
year	10 293.74***	2.910	20 869.570***	3.740	1 626.489	1.180
pdy	5 990.722**	2.000	4 922.562*	1.490	1 574.196	1.450
pdy * year*	14 897.740**	2.520	17 245.600***	2.830	−1 185.202	−0.690
hzgender			−2 201.519	−0.520	−343.950	−0.370
hzedu			1 177.807**	1.910	53.945	0.620
hzhealth			5 201.582***	4.430	243.054	0.890
famlynum			6 587.523***	3.170	210.752	0.660
faimlyland			525.691	0.850	1 043.704***	7.490
landqualty			−294.086	−0.380	368.840	0.910
cunzaihnum			−3 155.731*	−1.520	−569.577	−1.230
cunjlcounty			54.558	0.590	−309.253	−0.390
cunintenet			−252.023	−1.290	81.232**	2.240
_cons	14 517.110***	6.190	−32 337.190***	−3.190	−1 786.104	−0.530
时间固定	是	是	是	是	是	是
个体固定	是	是	是	是	是	是
F	13.790		6.160		7.880	
R²	0.100		0.202		0.175	

表6-14为"稻改旱"政策对其他各分项收入影响回归结果，由表可得，"稻改旱"政策对工资性收入、财产性收入发挥着积极的作用，并分别在1%、5%显著水平上通过检验，而对转移性收入影响不显著。研究结果表明，"稻改旱"政策对工资性收入的影响程度最大、对财产性收入影响次之，参与政策使得农户家庭工资性收入、财产性收入平均水平分别增加了8 059元、7 686元。从其他控制变量来看，以工资性收入为因变量的模型中，户主健康程度、家庭规模、家庭耕地面积、常数项四个变量通过统计学检验，分别在1%、1%、10%和5%的水平上显著。以财产性收入为因变量的模型中，家庭人口规模、市场距离、村信息化水平变量通过统计学检验，并且分别在10%、10%和5%的水平上显著。以转移性收入为因变量的模型中，村信息化水平和常数项变量

通过统计学检验,并且分别在 5% 和 10% 的水平上显著。

表 6-14 "稻改旱"政策对农户家庭其他分项收入影响 PSM-DID 模型结果

变量	工资收入 模型(2)		财产收入 模型(2)		转移收入 模型(2)	
	系数	T 值	系数	T 值	系数	T 值
year	10 410.180**	2.450	6 090.725**	2.150	2 484.063	1.620
pdy	4 108.430	1.590	59.954	0.050	−1 023.334	−1.250
pdy * year	8 059.359*	1.760	7 686.213**	2.190	691.041	0.540
hzgender	−1 209.662	−0.390	−777.632	−0.270	−567.974	−0.580
hzedu	504.617	1.240	142.655	0.340	−17.849	−0.280
hzhealth	3 473.714***	4.050	416.028	0.630	29.567	0.160
famlynum	6 953.431***	3.580	1 228.454*	1.670	−186.562	−1.450
faimlyland	−857.590*	−1.720	−287.099	−1.260	−34.791	−0.490
landqualty	−176.395	−0.340	37.433	0.080	−133.921	−1.100
cunzaihnum	−2 460.501	−1.580	28.562	0.030	140.660	0.630
cunjlcounty	1 579.261	0.560	1 489.678*	1.670	−150.680	−0.490
cunintenet	29.629	0.240	304.524**	2.110	41.926**	1.980
_cons	−27 530.630**	−1.990	−603.557	−0.180	2 935.201*	1.690
时间固定	是	是	是	是	是	是
个体固定	是	是	是	是	是	是
F	2.980		4.949		3.480	
R²	0.181		0.506		0.072	

(3) 分位数回归结果

本文利用 Stata 软件进行三个分位点上的分位数模型回归,在此基础上还基于 bootstrap 技术获取更渐进有效的参数估计,即使用自助法计算模型协方差矩阵,为了计算出 1%、5%、10% 不同显著水平下的标准误差,并进行区间估计,本书选择的迭代次数为 1 000 次。分别以家庭总收入、家庭农业收入、非农收入作为被解释变量得到三个模型回归结果,模型回归结果分别如表 6-15、表 6-16 和表 6-17 所示,由分位数回归结果可得,不同分位点上解释变量对农户收入影响有显著的差异。

表6-15 农户家庭总收入分位数模型回归结果

变量	$q25$		$q50$		$q75$	
	系数	标准误	系数	标准误	系数	标准误
pdy	3 146.653**	1 136.969	3 918.777*	1 844.020	3 135.541**	1 485.172
$hzgender$	−215.580	1 676.486	−4 459.718	4 480.604	−11 454.630**	4 413.968
$hzage$	4.870	46.933	27.355	73.853	20.530	125.761
$hzedu$	24.202	131.020	269.664	198.170	434.599	348.431
$hzifcung$	105.474	1 320.976	2 402.541	3 184.659	4 071.411	4 446.594
$hzskill$	−820.491	1 176.954	2 259.885	2 108.096	3 800.344	3 733.789
$famlynum$	1 203.847**	415.208	1 765.284***	646.719	4 107.737***	880.998
$faimlyland$	491.520***	108.715	269.807	283.349	898.584*	550.644
$cunshuil$	−145.457	535.190	102.348	1 068.326	−1 347.475	2 163.331
$cunzaihnum$	−271.301	516.267	−710.723	771.713	−1 585.095	1 250.204
$cunjlcounty$	22.652	22.888	−12.886	44.036	48.892	80.750
$cunintenet$	−14.738	241.393	389.930	396.839	−427.247	785.680
$\_cons$	−2 494.374***	4 473.221	2 975.238***	7 825.876	9 139.783***	10 964.650
$Pseudo\ R^2$	0.077		0.070		0.105	

注：*、**、***分别表示在10%、5%和1%的显著水平上通过检验。

分变量来看，0.25、0.5、0.75三个分位数上核心变量是否参加"稻改旱"政策均显著为正，三个模型回归结果表明，参与政策变量对家庭总收入的中等收入组更有益，该变量对农业收入的高收入组影响更大，对非农收入的中高收入组影响更大。

表6-16 农户家庭农业收入分位数模型回归结果

变量	$q25$		$q50$		$q75$	
	系数	标准误	系数	标准误	系数	标准误
pdy	548.156**	306.276	588.272*	355.565	784.188*	465.386
$hzgender$	77.548	626.338	−245.965	911.744	−1 835.284	2 173.494
$hzage$	13.639	17.187	18.334	25.357	32.001	39.639
$hzedu$	24.754	56.858	−5.740	62.604	54.171	101.208
$hzifcung$	−500.124	484.950	−344.928	818.443	938.157	1 503.352
$hzskill$	−219.968	507.979	−131.940	484.349	−883.402	679.722
$famlynum$	178.425	161.773	251.169	187.083	482.954	314.131
$faimlyland$	365.745***	82.418	567.877***	93.479	699.316***	114.998

（续）

变量	q25		q50		q75	
	系数	标准误	系数	标准误	系数	标准误
cunshuil	32.758	260.166	−102.722	313.536	399.228	546.257
cunzaihnum	83.532	207.255	−158.513	227.407	−130.267	327.374
cunjlcounty	−9.485	11.072	3.039	11.286	−24.334	24.170
cunintenet	25.034	104.410	−120.475	103.950	75.698	204.595
_ *cons*	−1 334.593	1 442.358	−207.299	2 424.175	516.104	3 595.113
Pseudo R²	0.059		0.087		0.100	

注：*、**、***分别表示在10%、5%和1%的显著水平上通过检验。

控制变量中，家庭人口规模在农户家庭总收入和非农收入的三个分位上均有正效应（表6-17），家庭人口规模对家庭总收入、非农收入的高收入组影响更大。耕地面积在农户农业收入模型和农户总收入模型的三个分位上为显著的正向影响，也就是说耕地面积对家庭总收入的高收入组回报更高，其对农业收入的影响也呈现此规律。年自然灾害次数变量对非农收入的高收入组负效应更大，这表明较差的生产条件会阻碍经济再生产。

表6-17 农户家庭非农收入分位数模型回归结果

变量	q25		q50		q75	
	系数	标准误	系数	标准误	系数	标准误
pdy	728.912*	409.576	2 230.971*	1 259.161	3 169.309*	1 901.575
hzgender	132.643	1 140.578	−16.294	3 233.330	−6 244.294	4 551.576
hzage	−22.506	29.730	39.618	59.008	84.547	113.731
hzedu	63.985	96.764	270.493*	155.925	435.602	347.814
hzifcung	263.308	683.374	−980.575	1 987.785	2 583.376	3 729.151
hzskill	503.533	686.717	2 397.807	1 927.358	2 641.172	3 651.053
famlynum	682.682**	305.799	1 891.826***	545.599	3 737.691***	885.259
faimlyland	−21.896	98.019	−221.523	207.286	49.073	491.816
cunshuil	217.997	359.373	−216.515	850.712	−2 469.216	2017.074
cunzaihnum	−300.901	332.823	−869.557	632.323	−1 998.695*	1 208.024
cunjlcounty	19.223	19.019	22.723	30.869	50.888	78.818
cunintenet	−21.850	192.209	209.026	315.173	−248.594	826.544
_ *cons*	−1 120.733	2 851.906	−3 738.246	5 156.687	4 765.271	10 559.600
Pseudo R²	0.030		0.063		0.087	

注：*、**、***分别表示在10%、5%和1%的显著水平上通过检验。

　　此外，为了比较各个解释变量三个不同分位数回归的系数及其置信区间变化趋势，分别绘制了 0.25、0.5、0.75 分位数下的系数变化图。图 6 - 7 为以总收入为因变量的分位数回归结果，由图可得，参与"稻改旱"政策变量对中等收入边际贡献最大，家庭人口规模对家庭总收入回归系数呈现持续上升特点。

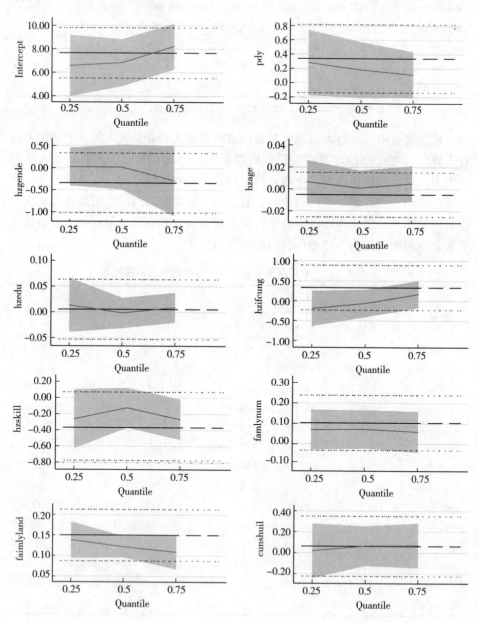

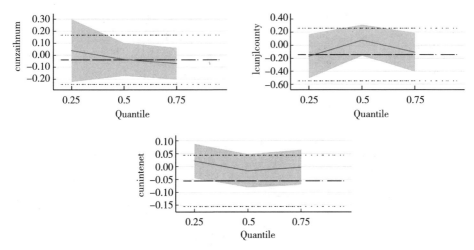

图 6-7　农户家庭总收入分位数回归系数变化

注：虚线为 OLS 估计系数，阴影为 95% 置信区间，收入取对数。

图 6-8 为以农业收入为被解释变量的分位数回归结果，由图可得，参与"稻改旱"政策变量对高等农业收入边际贡献最大，耕地面积变量对农业收入的影响程度也随着分位水平的增加呈现不断增加的趋势。

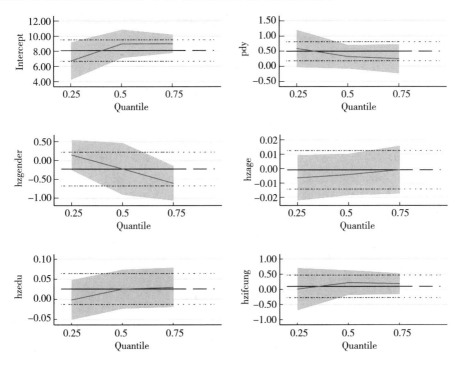

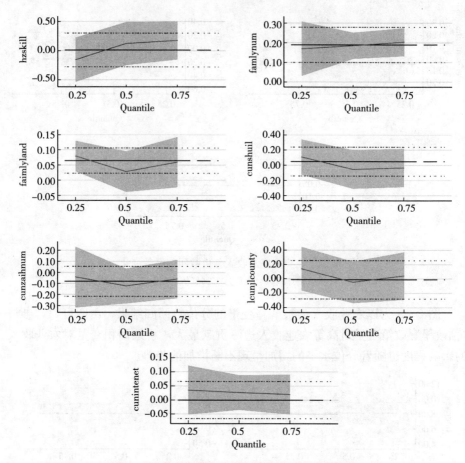

图 6-8　农户家庭农业收入分位数回归系数变化

注：虚线为 OLS 估计系数，阴影为 95％置信区间。

图 6-9 为以非农收入为因变量的分位数回归结果，由图可得，参与"稻改旱"政策变量同样对非农收入高收入组边际贡献最大，家庭人口规模变量对不同分位非农收入影响有显著差异，并且该变量对非农收入高分位组的影响显著大于低收入组、中等收入组。

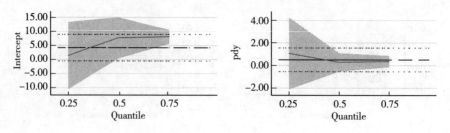

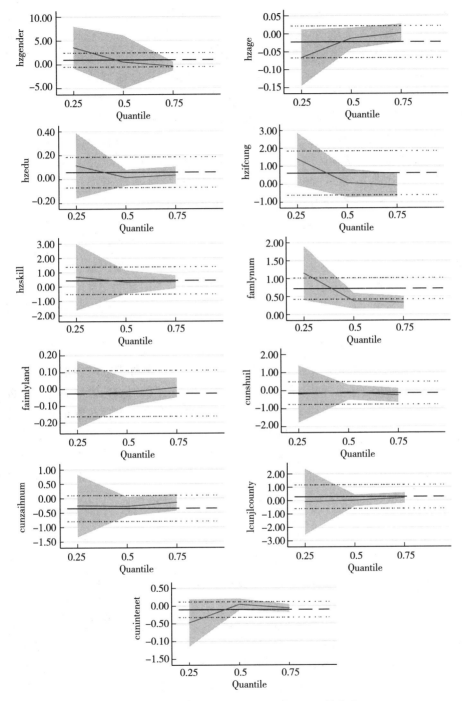

图 6-9　农户家庭非农收入分位数回归系数变化

注：虚线为 OLS 估计系数，阴影为 95% 置信区间。

综上，多元线性回归模型、分位数模型和倾向匹配倍差模型三个计量模型对比分析可得，三个模型一致表明"稻改旱"政策对农户家庭总收入存在正向影响。此外，作为本书倾向匹配倍差模型结果的参照，多元线性回归模型回归结果中核心变量和大多解释变量影响方向和 PSM - DID 模型结果一致，而在政策对农户总收入影响结果上两个模型却有显著差异，多元线性回归模型显示"稻改旱"政策对农户家庭农业收入没有显著影响，然而 PSM - DID 模型回归结果证明政策对农户农业收入影响显著为负。结合密云水库流域"稻改旱"政策实施补偿状况、样本区域水稻和玉米为代表的旱作政策前后成本收益情况（国家发展和改革委员会价格司，2006；国家发展和改革委员会价格司，2018），可得不考虑劳动力释放影响的条件下"稻改旱"政策补偿额度不足以弥补耕种作物改变的机会成本，因此政策对农户家庭农业收入均值负向影响和逻辑事实基本一致。两个模型在农业收入影响回归结果存在较大差异的原因可能是，PSM - DID 模型控制了其他可能影响农户参与政策的因素、农户参与的其他政策或工程，避免了"稻改旱"政策之外的其他因素的交叉干扰，因此从一定程度上看本书所得政策影响更为纯净，这也间接反映出所用的 PSM - DID 模型在研究因果关系问题上的方法优势。

从政策对农户家庭收入影响方向和程度来看，"稻改旱"政策对农户家庭整体经济状况有一定的增收效应，一定程度上实现了政策外部效应内部化，在经济发展水平较低地区发挥减贫作用。"稻改旱"政策不仅对农户家庭总收入发挥着正向影响，而且，对农户家庭工资性收入和财产性收入也存在着正效应。此外，"稻改旱"政策实施中长期的增收效应大于中短期，这体现在政策实施后年际变化中。结合已有研究（Zheng et al.，2013；Zhang et al.，2016）和样本县政策统计报告发现，剔除物价的膨胀因子，从本书和已有研究政策正向影响程度的差异可以发现，"稻改旱"政策经济影响由 2010 年人均 2 000 元～3 000 元增加到 2017 年的 4 830 元。在密云水库流域"稻改旱"政策实施样本区域经济水平较低的背景下，"稻改旱"政策对农户收入影响发挥着一定的减贫作用。

从"稻改旱"政策增收途径来看，"稻改旱"政策对农户家庭整体经济促进作用主要来自补偿效应、农业剩余劳动力有效转移、土地流转三个方面因素的贡献。具体而言，"稻改旱"政策对农户家庭工资性收入促进作用原因可能是"稻改旱"政策的实施实现样本区域农业作物由水田改为旱作，由于两类作物生产特征的差异带来农业生产释放了部分劳动力，受家庭收入最大化经营目标、非农工作收益比较优势大因素影响，该部分农业劳动力有更大的可能由农业部门转移到非农部门、农村转移到城镇，由此来看，参与政策农户家庭工资性收入水平会发生一定程度的增加。"稻改旱"政策对农户家庭财产性收入正向影响的原因可能是政策实施后，"稻改旱"户在农业生产缺乏比较优势的背景下，出现部分"稻改旱"户将旱地转出，政策实施后土地转出趋势有所增加，这也符合近年来该组群体土地流转行为增加的研究结果。

6.3.5 稳健性检验

为了检验倾向匹配倍差模型结果的可靠性，本书进行了模型的稳健性检验。根据计量经济学理论，在条件独立假设（CIA）和共同支撑域假定均成立的条件下，不同匹配方法估计结果应该具有一致性（Leidner，2014）。因此，本书在原有一对一匹配的基础上选择了卡尺匹配、核匹配、局部线性匹配、马氏匹配和卡尺最近邻匹配等其他五种匹配方法对"稻改旱"政策经济影响进行分析。根据不同匹配方法结果差异判辨基准模型结果的稳定性，如果不同匹配方法估计结果相似或相近，则表明模型估计结果稳健。不同匹配方法的主要区别在于匹配时使用的参数有所不同，其中，卡尺匹配方法根据倾向得分的绝对距离实现匹配，卡尺参数值为 0.02，倾向得分样本标准差参数值设为 2.5%。核匹配方法中，倾向得分值的带宽设定为 0.06，将在带宽范围内的所有参照组样本选出与倾向得分值进行"按照距离加权"的平均，用于加权权重确定的函数类型设定为二次核函数。局部线性匹配方法中，除了权重确定参数，其他基本参数值和核匹配一样，局部线性匹配采用局部线性回归估计参照组和处理组配对权重。马氏匹配方法，又称偏差校正匹配估计，该匹配方法权重矩阵选用样本协方差矩阵逆矩阵，倾向得分值距离以马氏距离计算，匹配参数取值为 1（Abadie and Imbens，2016）。卡尺最近邻匹配方法中，卡尺参数值设为 0.01，倾向得分值标准差参数取值为 2.5%，匹配标准选用一对一进行匹配。

从参与政策对家庭收入影响的稳健性检验结果表中可以看出（表 6-18），基准模型以外的五种匹配方法估计结果依然表明"稻改旱"政策经济影响有统计上的正向显著性，并且"稻改旱"政策对农业收入、工资性收入、财产性收入和转移性收入各项收入影响方向和上文的一对一匹配方法结果一致，因此基于倾向匹配倍差模型评估的"稻改旱"政策经济影响的结果是可靠而稳健的，模型评估结果不依赖于具体的匹配方法。

表 6-18 参与"稻改旱"政策对家庭收入影响的稳健性检验结果

匹配方法	统计量	农户家庭收入				
		总收入	农业收入	工资性收入	财产性收入	转移性收入
卡尺匹配	系数	9 498.505*	−1 917.963*	2 972.288	3 109.032**	200.908***
	T 值	1.74	−1.86	0.78	2.25	3.44
	P 值	0.082	0.064	0.433	0.025	0.001

（续）

匹配方法	统计量	农户家庭收入				
		总收入	农业收入	工资性收入	财产性收入	转移性收入
核匹配	系数	10 533.34*	−1 290.856	5 093.737	6 527.167**	−259.478 4
	T 值	1.87	−0.85	1.16	2.47	−0.35
	P 值	0.061	0.397	0.247	0.014	0.723
局部线性匹配	系数	21 217.17**	−2 295.871 8*	12 919.67***	7 326.822*	400.101 6
	T 值	2.20	−1.78	2.94	1.82	0.23
	P 值	0.029	0.076	0.004	0.07	0.816
马氏匹配	系数	15 528.22**	839.683 5	5 137.454	6 624.886**	294.589 9
	T 值	2.32	0.62	0.94	2.38	0.21
	P 值	0.021	0.532	0.35	0.018	0.833
卡尺最近邻匹配	系数	15 236.85**	895.996 3	7 706.965	5 077.543**	−44.814 05
	T 值	2.16	0.58	1.3	2.04	−0.03
	P 值	0.032	0.563	0.194	0.042	0.977

注：括号中为 t 统计值，***、**、* 分别表示在 1%、5%、10%的水平下通过显著性检验。匹配结果均用的是共同支撑区域内的样本。

6.4　本章小结

本章基于农户调研数据，采用描述统计方法分析了政策实施对农户生产适应行为，利用多元线性回归、分位数和倾向匹配倍差三种方法探究了"稻改旱"政策对农户家庭收入的影响。具体的研究结论如下：

从农户生产适应行为来看，政策实施前后农户家庭耕地质量变化上，"稻改旱"政策实施后样本整体地块质量比政策前有所下降。"稻改旱"政策实施后土地流转现象较多，样本户中约有 50.51%农户进行过土地的转入或转出行为。

"稻改旱"政策对农户收入影响的三个计量模型实证结果分别如下，倾向匹配倍差模型（PSM - DID）实证结果发现，从总收入影响上看，参与"稻改旱"政策后处理组农户家庭总收入比未参加政策的农户家庭收入平均水平高 17 245 元，家庭人均收入水平增加了 4 830 元。从分项收入影响上看，"稻改旱"政策对农户农业收入有负向影响，参与政策后"稻改旱"农户家庭农业收入平均水平降低了 1 185 元，同时政策对农户家庭工资性收入和财产性收入发挥了正效应，并且均在 5%显著水平上通过检验，农户工资性收入、财产性收入平均增加了 8 059 元、7 686 元。"稻改旱"政策经济影响的分位数回归模型结果显示，政策对不同分位点农户家庭收入影响有显著差异，参与政策变量对家庭总收入的中等收入组更有益，该变量对农业收入高收入组的影响更大，对非农收入的中高收入组影响更大。由此来看，"稻改旱"政策对农户家庭收入影响存在异质效应。

根据上述结论，本章提出如下启示：首先，探讨建立政策多元溢出渠道，发挥其持续造血功能是政策实施的难点，也是防控政策风险性的关键。其次，未来政策补偿方案调整不仅要考虑密云水库上游水量，还可以将政策的长期红利纳入决策框架，以便做出更科学的判断。"稻改旱"政策实施中长期的增收效应大于中短期，即政策的正向影响能够长期持续并且处于上升趋势，这一结果为政策动态调整提供了研究依据。最后，"稻改旱"政策后期持续推进有赖于地方政府、农户、政策制定部门多方协同努力，可探讨以"新型经营主体＋农户"的农业组织模式促进种植结构优化，进一步释放节水潜能、增加农户经济来源多样化。

第 7 章

"稻改旱"政策可持续性评价

密云水库流域上游第一轮"稻改旱"政策在样本区域自 2007 年开始实施，至 2015 年底结束，2016 年"稻改旱"政策延长五年继续实施。为期十余年的第一轮政策实施给密云水库下游的北京市用水提供了安全保障，同时也改善了参与政策农户的经济福利。然而，该政策也存在一定局限性，除了政策本身存在一定的局限性以外，政策实施过程中也暴露一些问题。本章将在政策可持续性总体评价、存在问题剖析的基础上，提出促进"稻改旱"政策可持续推进的具体举措。本章内容安排如下，第一节，"稻改旱"政策的可持续性评价及存在问题的解析，第二节，探索提高"稻改旱"政策可持续性的措施，以期为其他地区水资源优化配置提供决策参考。

7.1 "稻改旱"政策可持续性评价

本节从"稻改旱"政策可持续性和"稻改旱"政策的局限性两个方面展开政策可持续性评价，其中"稻改旱"政策的可持续性分析主要基于政策节水效果和政策经济影响结果，"稻改旱"政策的局限性主要从政策本身局限性和政策实施过程局限性两个部分内容进行探究。

7.1.1 "稻改旱"政策可持续性

结合可持续的定义将"稻改旱"政策可持续内涵界定为以下两个层面，第一个层面是政策本身可持续，即政策具有良好的投资绩效，有一定的成本有效性，这一层面的含义考察政策的效率，另一个层面的含义是政策实施的可持续性（Reidsma et al.，2011）。"稻改旱"政策本身是一项农户参与为主的政策，除了确保政策本身可持续还要确保政策实施可持续性，即农户能够持续参与退稻还旱，政策对农户经济外部性影响最小化，这一层面的含义考察水资源重新配置的公平原则。

(1)"稻改旱"政策本身可持续性

成本有效性是用于衡量政策经济效率的一个重要指标,也是政策管理者视角评估政策本身持续性的常用指标。因此,本书用成本效率方法分析"稻改旱"政策本身可持续性。政策经济学中,成本有效性的含义是指在最小成本下完成特定政策目标,或者在一定的成本下政策目标成效最大化,该指标通常用于阐明政策目标单位变动下政策制定者或政府需要负担的成本(杜彦其,2016)。相对于成本效益分析方法,成本有效性分析方法的优点在于避免了对结果进行存在争议的价值估算,而且可以用来比较不同政策在实现相关政策成效方面的效率。此外,政策成本有效性的核算便于政策管理者明晰政策成本可压缩空间(徐晋涛等,2004)。为了分析"稻改旱"政策的成本有效性,本书分别从中观视角和微观视角两个层面进行核算。中观层面政策成本有效性核算中,以"稻改旱"政策节水量作为政策成效衡量指标,以政策实施中调水成本和补偿成本作为反映政策实施成本的主要指标,由此,利用政策单位节水量耗费的成本指标来评价"稻改旱"政策本身可持续性。微观层面核算中,通过分析农户层面退稻还旱的补偿收益、退稻还旱的机会成本,基于成本—收益关系评价"稻改旱"政策成本有效性。中观层面核算过程如下,由第 5 章"稻改旱"政策成效测算结果可得,2010 年"稻改旱"政策总节水效果为 7 210 万立方米,从政策成本来看,密云水库流域上游"稻改旱"政策当年单位水资源调水单价为 0.79 元,合计总调水成本为 5 695.9 万元,按平均每亩 550 元补偿标准计得补偿成本合计为 5 665 万元,据此计算而得 2010 年"稻改旱"政策成本—收益比为 1.57 元/立方米。同理,2017 年"稻改旱"政策成本—政策成效比值计算所得为 3.55 元/立方米。相对于北京 2014 年开始的南水北调中线工程,"稻改旱"政策成本有效性较好,2014—2017 年南水北调中线工程成本收益比值平均为 7 元/立方米,"稻改旱"政策比南水北调中线工程成本有效性平均高 3.45 元/立方米,这表明作为北京市主要用水管理措施该政策的经济效率具有一定的优势。

表 7-1 "稻改旱"政策节水效果与政策成本关系

年份	政策成效 (万立方米)	政策成本 (万元)		成本—收益比值 (元/立方米)
		补偿成本	调水成本	
政策后（2010 年）	7 210	5 665	5 695.9	1.57
政策后（2017 年）	2 467	5 665	3 083.75	3.55

数据来源:作者根据调研资料计算,2010 年"稻改旱"政策调水单价为 0.79 元/立方米,2017 年 1.25 元/立方米。

值得注意的是"稻改旱"政策成本有效性有所降低,2017 年"稻改旱"

政策成本收益比约为 2010 年的 2.3 倍，这表明在肯定"稻改旱"政策经济效率的同时要关注政策成本有效性变差的趋势。总体而言，"稻改旱"政策实施十余年以来，相对其他用水调控政策，"稻改旱"政策在政策效率上优势较为突出，政策本身的可持续性较好。从效率角度来看，在北京所有的用水调控措施中"稻改旱"政策具有一定优势，可以继续作为区域水资源重新配置管理者的选择之一，保障北京用水安全。同时，随着政策推进"稻改旱"政策成本有效性降低的现象也需要得到政策管理者更高的重视。

中观层面的政策成本有效性核算便于管理者从整体上掌握政策效率，微观层面的核算有利于管理者更加深入、具体地研究政策成本节约空间。利用如下原理判定微观层面政策成本有效性的好差，若是参与政策整体农户补偿总额大于"稻改旱"机会成本，即补偿与机会成本比值大于 1，则政策补偿过度，那么"稻改旱"政策成本有效性较差。反之，若两者比值小于 1，则政策补偿不足，"稻改旱"政策成本有效性较好。根据机会成本的定义，本书退稻还旱机会成本概念内涵是农户为参与"稻改旱"政策而放弃水田种植的最大价值，该指标的计算以农户假如没有参与政策农业收益来衡量。表 7 - 2 为"稻改旱"农户机会成本与补偿收益关系，由表可得，丰宁样本县 120 户退稻还旱农户中，97 户退稻还旱农户的补偿总额不足以补偿其机会成本，参与"稻改旱"政策有所亏损，即该样本县大多数农户为受损户。滦平样本县 76 户被调查的退稻还旱户中，57 户农户出现净亏损，即政府补偿总额低于其机会成本，样本县所有农户整体的补偿—成本比值小于 1，政策成本有效性较好。由此来看，微观层面的政策成本有效性核算结果和中观层面的结果基本一致。

表 7 - 2 "稻改旱"农户机会成本与补偿收益关系

区域	群体	户数（户）	退稻面积（亩）	退稻净收益（元）	退稻机会成本（元）	补偿—成本比值
	受益户	23	61.20	9 815.02	23 844.99	1.41
丰宁县	受损户	97	303.38	−38 260.25	204 715.25	0.82
	所有农户	120	364.58	−28 445.23	228 560.24	0.88
	受益户	19	68.70	10 665.73	27 119.275	1.39
滦平县	受损户	57	232.70	−21 968.50	149 953.5	0.85
	所有农户	76	301.4	−11 302.77	177 072.775	0.94

数据来源：作者根据调研资料计算，数据对应的年份为 2017 年。

（2）"稻改旱"政策实施可持续性

"稻改旱"政策实施可持续性主要通过对政策经济影响方向、经济影响演变趋势两个方面来考察，如果政策对农户当期经济有积极影响，农户由于经济激励作用会选择下一期继续参与政策,如果政策对农户经济影响在多个周期上均为正向,并且影响程度在增加,则农户持续参与政策的概率较高,而且"稻改旱"政策实施的可持续性表现较良好。

从政策经济影响方向来看政策对农户收入的改善,"稻改旱"政策对水资源短缺和经济贫困双重困境地区发挥了减贫效应。从本书研究结果可以发现,考虑政策释放劳动力的机会成本,政策实施对密云水库上游农户经济影响有一定的增收效应,在经济发展水平较低地区发挥减贫效应。其对农户经济影响路径主要是政策补偿、收入结构的调整两个方面,以政策补偿维度来看,"稻改旱"政策补偿标准逐渐提高,"稻改旱"政策补偿标准由政策刚开始实施时的350 元/亩,增加到 450 元/亩,后来又增加到 500~550 元/亩不等,相当于当前政策补偿标准相对于政策实施前,补偿标准每亩增加了 150~200 元不等。在只考虑两种作物成本收益的情况下,2008 年之后的政策补偿标准虽然没有完全弥补,但是一定程度上减少了参与政策农户单位面积旱作和水田作物收益的价差。"稻改旱"政策对农户正向影响的路径更多来自其对非农就业机会创造,参与政策农户收入多元化,通过产业结构和收入调整增加退耕农户的非农收入一定程度上实现了。

"稻改旱"政策伴随着耕作制度的变化,由单位面积劳动用工较多的水稻转为用工相对较少的玉米为代表的旱作作物,产生农业剩余劳动力,根据两种作物要素投入差异,平均每亩耕地节省 3 个工日(国家发展和改革委员会价格司,2019),即政策释放了部分劳动力。政策对农村劳动力的释放提高了非农就业的概率、促进了农户非农就业,而非农行业的比较收益显著提高了家庭的工资性收入。非农就业机会的产生和增加有三个驱动力,首先是拉力因素,由于城镇化发展城市对农民工需求也日益增加。其次是推力因素,大多农户反映"稻改旱"政策实施对农业生产限制较大:禁止施用化肥农药、水量使用限制,水资源和环境约束加大使得农业生产效益下降,早期的生态补偿标准较低,不足以弥补政策前后的差距。最后是保障因素,即为了缓解"稻改旱"政策实施后的农户生计问题,实地调研中发现部分样本乡镇 2008 年、2009 年左右开展过统一的外出就业活动,就业类型以建筑业、餐饮业和制造业为主。政策对非农收入的正向影响还来自政策带动的土地流转,政策覆盖区域土地流转的平均价格为 863 元/亩,高于近十年每年的玉米亩均产值,低于水稻亩均产值,在比较收益驱动下,参与政策农户更有意愿土地流转,进而增加了财产性收入。而且,在当前鼓励规模化经营的背景下,未来政策覆盖区域可能有更多的流转行为。由此来看,"稻改旱"政策在非农就业机会创造,收入结构多元化上发挥了积极作用,这表明政策实施有一定的可持续性。

从政策经济影响的多周期变化来看,"稻改旱"政策经济影响演变规律呈现一定的经济红利效应。剔除物价的膨胀因子，从政策实施后多个时期政策影响方向和程度结果可以发现"稻改旱"政策增收效应年际上呈现上升趋势，"稻改旱"政策对农户人均收入的改善由 2010 年的 2 000～3 000 元增加到 2017 年的 4 830 元，这表明政策实施中长期的增收效应大于中短期，即政策对农户收入的影响存在着持续效应，并且这种效应呈现上升趋势。这一研究结果为政策动态调整提供了实证参考，也为政策未来生态补偿机制研究提供了一个新的视角。未来政策补偿方案调整不仅要考虑密云水库上游水量水质还可以将政策的长期影响红利效应纳入决策框架，以便做出更科学的判断。从研究结果上看短期内补偿标准削减不会对上游经济产生较大影响，政策实施对上游经济长期影响的红利效应一定程度上抵消政策调整对农户收入的冲击。

7.1.2 "稻改旱"政策的局限性

"稻改旱"政策以流域上游农业种植作物调整增加结余水量的设计初衷基本实现，实施十多年来给密云水库上游带来了经济红利效应，但是"稻改旱"政策也存在一些局限性。这不仅表现在政策本身设计的局限性，而且在"稻改旱"政策实施过程中也有一些不足，这些局限性导致"稻改旱"政策的节水效果、改善农户经济福利没有发挥出最优的水平。

(1)"稻改旱"政策本身局限性

密云水库流域上游"稻改旱"政策开展的目标是利用上游种植结构调整促进农业节水，缓解密云水库下游北京水资源供需矛盾，进而协调京冀经济、水资源协调发展。然而，由于"稻改旱"政策本身的设计缺陷、政策配套法律法规的缺位或发展滞后使得政策成效没有充分发挥，甚至出现政策节水效果反弹。"稻改旱"政策本身的局限性集中反映在以下三个方面：

第一，从政策实施的制度背景来看，"稻改旱"政策配套的法律法规还有很大提升空间。相对于世界上发达国家，我国水资源"农转非"相关的法律制度缺位、法律制度建设滞后，这使得"稻改旱"政策的设计缺乏针对性的法理基础。首先，农业水资源初始水权分配还未建立，而初始水权的建立是水权交易和水市场建立的最重要基础，具体而言，密云水库上游"稻改旱"政策已开展十余年，然而农业水权交易中的农业水权却一直没有明确的界定，导致政策设计中涉及的取水外部性问题一直没有得到有效解决。其次，尚未有明确的政策支持与立法说明，政府在法律制定上至今缺乏对这类现象的关注。因此"稻改旱"政策在行政运作中存在着诸如平调、寻租等问题。

第二，"稻改旱"政策成效出现反弹、政策成效调控反馈机制尚显不足。政策节水效果反弹的问题也较为突出，影响"稻改旱"政策节水效果反弹的两个主要因素是用水管理和改旱作物。具体来看，政策设计中为了确保转移水量最大化，主要限定了对地表水的水量和水质的管理，这对水资源转移起到了一定保障作用，然而政策制定中却忽略了水系统的循环整体性，即政策设计中没有规定覆盖区域地下水使用，政策对地下水影响被低估，导致地下水使用替代了地表水增加，地下水的大量使用某种程度上抵消了政策成效，同时政策覆盖区域水资源整体持续利用和发展受到威胁。地下水使用量的显著增加原因一方面是机井数量的显著增加，另一方面是地下水成为灌溉的主要来源。地下水使用量增加的直观体现是地下水水位深度逐年增加，政策覆盖区域 2006 年、2010 年和 2017 年"稻改旱"村平均地下水位深度变化表明，政策实施前（2006 年）"稻改旱"政策实施村平均地下水位深度为 7 米，而政策实施后（2010 年）"稻改旱"村平均地下水位深度增加到 15 米，2017 年村平均地下水位深度达 17 米，政策后相对于政策实施前"稻改旱"样本区域地下水位深度增加了一倍多。此外，政策设计中也没有限定改旱作物的范围。政策成效调控缺乏高效的反馈主体，使得政策成效调控往往存在较强的滞后性。虽然政策设计中分配了监督和管护主体，但大多都是从宏观层面管理，政策成效管理模式多见自上而下，政策成效反馈周期长，缺乏动态性。

第三，"稻改旱"政策节水效果的保持和改进空间支撑力度不足。虽然从中观层面看"稻改旱"政策节水效果较为明显，然而构成政策总效应的微观个体节约用水阶段处于较低水平，即微观个体用水量距离前沿面最小用水量仍有较大空间。从作用微观农户节水两个主要因素来看，当前参与政策农户作物种植以玉米为主，但以蔬菜为代表的高耗水作物种植现象也开始增多，同时政策农户节水技术采用广度较低。从微观农户灌溉节水技术采用来看，相对于政策前灌溉节水技术水平和采用广度有所增加，然而灌溉节水技术采用水平仍然较低。政策农户节水技术发展水平较低主要有以下两方面原因，一是政策配套节水设施和设备配备不足或是执行较为滞后，节水设施使用宣传和推广强度不足，究其原因这和政策设计中没有拨付相关的经费支持有关，而且专业的节水技术和设施的人员也较为缺乏。二是参与政策农户对节水技术认知水平较低，使得农户对节水技术采用意愿不强、积极性不高。此外，由于配套资金缺乏和人员的不足导致输水设备缺乏管护和维修，中途运输过程存在较大输水损失，调研中发现量水和监测设施的政策覆盖率几乎为零。

总的来看，法律制度缺位或建设滞后使得"稻改旱"政策提出缺乏法理基础，此外，"稻改旱"政策在地下水管理、改旱作物范围等方面设计不足使得政策成效面临反弹问题，政策设计中行政机构布局方面存在政策成效反馈周期长、滞后等问题。政策成效微观支撑方面，微观农户节水激励机制尚显不足，使得灌溉节水技术采用程度较低，配套量水设备较为缺乏，制约了政策节水成效显现。

（2）"稻改旱"政策实施过程的局限性

"稻改旱"政策在实施中的局限性主要表现为以下三个方面：

第一，"稻改旱"政策增收效应的持续造血功能机制尚未形成，给政策经济的可持续带来了一定困难。参与政策使得农户畜牧业和非农收入之和比非参与农户收入增长更快，但是"稻改旱"政策持续造血机制没有形成，这将威胁政策实施可持续发展。非农就业创造和农户收入多元化是政策经济可持续的关键，其中参与政策农户非农就业机会创造受非农信息资源获取、非农就业转移培训等主要因素影响，政策实施后覆盖区域地方政府发布过一些务工信息，但是农户收入多元化中土地规模经营贡献较大，而政策实施中土地规模经营缺乏规范性的现象常有发生，调研中发现政策覆盖区域土地交易市场发育程度较低、流转信息可得性差、流转不规范、社会资本介入不连续等问题，一定程度上损害了农民利益、农户和村集体之间产生信任危机，使得土地规模化难以稳步推进。此外，影响农业收入的政策实施区域农业种植结构调整不完善，政策经济影响整体为正向，但对农业收入的影响为负，长此以往，农业在生产中的地位下降，对粮食安全构成一定的威胁，不利于农业可持续发展。

第二，"稻改旱"政策补偿以静态化、单一化为主要特征，政策补偿动态调整机制不健全。政策实施过程中缺乏依据当地自然条件、政策执行进度、参与政策农户收入和种粮收益等因素建立补偿动态调整机制，当前补偿标准较为静态化，使得政策激励功能难以发挥。从政策补偿方式来看，当前政策补偿方式以政府部门财政转移支付为主，现金补偿占大多数（95%），仅有5%的村庄实施了现金补偿和节水设备的补偿方式。此外，"稻改旱"政策实施过程中还存在补贴不足问题，从政策成本有效性的微观视角结果证明大多农户参与"稻改旱"政策有所亏损，即政策补偿额不足弥补其机会成本，政策覆盖样本县大多数农户为受损户，约有75%户农户出现净亏损，即政府补偿总额低于其机会成本。虽然政策经济效率达到预期，但政策实施对农业收入的负向影响长此以往将对粮食安全构成一定的威胁，政策补偿机制调整中需要进一步考虑。

第三，政策风险防控措施不明确，加剧了政策实施的不稳定性。政策实施中的风险主要来自农户是否能够持续参与政策，县级访谈中了解到密云水库流域上游"稻改旱"政策下一步的计划是2020年政策到期后停止补偿，同时投入大量的节水设施和设备促使农户继续参与政策。为了甄别政策停止补偿后农户生产经营意愿，农户问卷调研中设置了"2020年政策补偿到期后，农户是否复耕"问题，调研结果表明，约有一半以上（58%）的农户有复耕原有水田作物的意愿（图7-1）。如果按此趋势发展，2020年补偿到期后农户"退旱还稻"的可能性就相当大，农户可能无法持续参与政策，进而政策节水成效将难以持续。

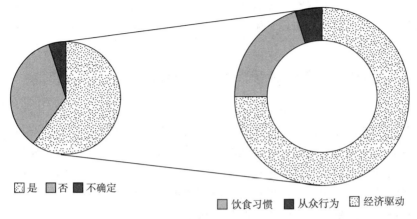

是 否 不确定

饮食习惯 从众行为 经济驱动

图 7-1 政策停止补贴后是否复耕原作物及复耕原因

7.2 提高"稻改旱"政策可持续性的措施

总体而言"稻改旱"政策的引入为水资源短缺地区"经济—社会—资源"的协调发展提供了有效的工具,"稻改旱"政策实施十余年来取得了较为显著的农业节水效果,保障了下游非农用水安全。此外,相比于其他主要用水管理政策,"稻改旱"政策成本有效性较好,政策经济效率较高,作为一种用水管理调控政策在未来较长时期内具有一定的优势。然而,"稻改旱"政策本身以及政策实施中存在一些局限性,为了实现"稻改旱"政策未来可持续推进从以下五个方面提出了政策改进措施。

7.2.1 汲取发达国家成功经验,健全竞争性用水法律法规

结合我国水资源、制度、技术等方面的国情,汲取发达国家推进竞争性用水管理政策的成功经验,优化"稻改旱"政策顶层法律制度设计,积极缩小我国与世界发达国家之间的理论和实践发展差距,促进水资源高效配置。面对我国农业水权模糊、农业与非农部门用水竞争加剧、水权法律针对性弱的现实,要加强水资源"农转非"的立法工作,提高水权交易已有法律法规的指导性和可操作性,为"稻改旱"政策实施和推广提供坚实的法理基础。具体而言,加强水资源"农转非"的法律法规的理论研究和实践进展,在推进水资源管理相关立法活动中,突出竞争性用水立法制定工作,要明确界定交易中的农业水权,制定农业水权初始分配的科学方案,加快初始水权分配,明晰农业水权权属主体、主体责任义务。针对已有水资源管理法律法规解决弱的问题,提高水权交易已有法律法规的指导性和可操作性。"稻改旱"政策制定和实施的合法

化，以立法形式规范水资源在农业部门与非农部门之间交易，为"稻改旱"政策规范运作提供坚实的法理基础，加快当前我国水资源"农转非"相关的法律制度建设进程。

7.2.2　重视政策节水效果缩减，提高政策成效可持续性

政策实施后地下水资源量的潜在影响需要引起更高的关注，优化改旱后作物种类或类型，优化低耗水型作物种植结构，促进农户灌溉节水技术采用，实现政策节水成效动态掌握，增加政策节水效果弹性调整空间。"稻改旱"政策整体成效调控方面，政策方案中要考虑结合实施区域，提供改旱作物的指导清单，在此基础上以农产品市场信息和惠农政策为导向调整种植结构。重视农户用水管理，尤其是地下水管理，减少政策节水效果反弹。政策节水效果微观机理完善方面，加大政策实施区域节水技术推广和宣传，完善政策配套措施，农业技术尤其是节水技术培训和推广"稻改旱"政策节水管理中不仅要依赖行政手段，还要充分利用经济手段。宣传部门要增加"稻改旱"政策科普教育，提高农户对政策认知水平，以认知优化农户用水行为。有效利用"稻改旱"政策对农户节水技术采用的激励功能，适当提高补偿标准，建立政策补偿浮动机制。为了应对未来政策调整农户复耕水田作物带来的政策成效反弹，当地政府需要发挥指导性作用，农业用水相关的设施、资金和价格政策要同步配套，改善农地基础设施，尤其是用水管理部门加强节水灌溉设施投入和节水补贴。利用价格杠杆作用制定合理的水资源开发利用制度，加强政策成效与农户利益连结度，优化农户用水行为，借助政策成效与农户利益连接机制筛选合理的农户用水适应行为，建立政策成效长效机制。

7.2.3　保障劳动力有效转移，增加收入多元化

保障政策实施后剩余劳动力有效转移，增加农户收入多元化，改善参与政策农户经济福利，实现"稻改旱"政策经济可持续。政策可持续参与以农户经济持续增收为前提，是促进增收的重要因素。非农就业收入是农户家庭收入最重要组成部分，政策实施后剩余劳动力的有效转移是影响家庭非农收入的关键因素，因而在农业生产和非农就业上建立"稻改旱"政策多元溢出渠道，提高未来政策动态调整适应能力。人力资源和社会保障部门要通过劳动力技能培训、就业信息发布提高农村剩余劳动力就业率，充分利用种植模式调整后释放的劳动力，为政策生态补偿调整提供弹性空间。政策实施后，通过财产性收入、转移性收入的增加丰富农户收入多元化的重要路径，综合考虑资源环境约束、利润目标、风险防控，促进土地资源的流转、规模化经营既是"稻改旱"政策实施后农户农业生产适应的一个重要方向，也是政策覆盖区域产业结构调

整的思路之一，土地带来的财产性收入对家庭总收入的贡献变化一定程度上弥补了稻田改旱地农作物收入损失，而且土地的流转和规模化经营对高效配置政策实施区域劳动力、提高经营性收入和工资性收入也发挥着积极作用，因此减少政策实施区域合理土地流转阻力，助力农业规模化经营不可或缺。当地政府要统筹农业生产布局，以市场为驱动，农艺人员加强对农户新品种新作物种植培训，尤其要利用好京津大城市的区位优势增加经济价值高的作物，提高农业附加值、延长价值链。此外，要加快土地有序流转市场建立，利用土地交易中心、村两委、农业能人等正式和非正式制度降低交易成本，鼓励当地新型经营主体的建立和运营，为其发展壮大提供资金、政策、信息和平台支持，促进土地规模化水平。

7.2.4　建立动态补偿调整机制，提升政策实施效率和公平

因时因地调整补偿标准、丰富补偿形式，建立"稻改旱"政策动态补偿机制。这不仅有助于筛选合适的用水适应行为，增强政策转移水资源量弹性调控，还对提高"稻改旱"政策成本有效性发挥积极作用。针对政策补偿过度问题，"稻改旱"政策要因时因地制宜、采用级差补偿，实现补偿标准动态化，补偿标准调整中要以充分发挥补偿标准对农户节水行为激励作用为主要原则，以政策成效为"稻改旱"政策补偿标准调整导向。此外，针对当前政策补偿方式单一化，增加补偿方式多元化，改变传统的以现金补偿，增加以物质、技术补偿等非货币补偿形式，增强补偿的区域针对性和合理性。"稻改旱"政策补偿制度的重构不仅要因时制宜，根据政策目标完成进程调整补偿方案，还要因地制宜，加强区域政策补偿制度的针对性。优化"稻改旱"政策实施区域协调共管长效机制，为加快推进京冀水资源协调发展提供坚实有效的制度保障。

7.2.5　坚持宏观和微观结合，优化政策管理调控

为了完善政策管控成效，要坚持宏观和微观两手抓。宏观调控上借鉴发达国家先进的政策调控模式，政策调控方式变后向调控为政策前向引导和后向调控结合，提高政策绩效管理的灵活性。微观管控方面，要以洞悉农业市场的村级干部作为"稻改旱"政策成效的调控支点，增强政策成效调控的主动性。在我国，农业生产布局与规划通常是自上而下的，行政村是农业生产或乡村治理最基本的组织单位。以村为政策管理最基本单位，以村为调控节点可操作性更强。如果区域水资源"农转非"管理者要调控成效，以村为单位引导或调整农户生产适应行为效率更高。政策实施中，农户生产适应行为是决定政策节水效果的主体，因而政策节水效果管理的方向是遴选合适的适应行为。村生产外部

环境是影响生产适应行为外因,以村为单位改善农业生产外部环境效率更高、效果更好。例如,农业生产中种植结构调整、节水技术推广、水利设施安装、维护、整合或分配涉农资金等活动以村为单位推进更快。此外,在村中村干部不仅是组织农业生产的管理者也是影响政策节水效果的生产者,其特殊的政治地位使得其生产适应行为更容易向有利于政策成效方向发展,并在村域中形成较好的示范效应。

7.3 本章小结

本章从"稻改旱"政策可持续性、政策局限性对政策作了整体评价,在此基础上,为了促进政策可持续推进,提出了"稻改旱"政策下一步实施的改进措施。利用中观尺度和微观尺度的成本有效性指标衡量政策本身可持续性,采用政策经济影响方向和长期影响评估政策实施的可持续性。总体而言,政策实施可持续性较好,政策促进了农户收入增加,具有一定的经济效应,并且政策实施的中后期红利效应明显。政策本身的局限性主要表现如下:"稻改旱"政策配套法律法规存在缺位或发展滞后、政策成效出现负向反弹、政策成效调控机制尚显不足,政策配套的节水技术、农技人员短缺,导致政策成效保持和改善的动力机制不足。政策实施过程中的局限性体现如下:政策对农户的经济效应,即农户收入增收的可持续机制尚未形成,政策动态补偿调整机制仍有较大优化空间,政策风险防控措施不完备等。最后,本章依据上述政策局限性分别提出针对性的改进措施,以期为区域水资源优化配置以及"稻改旱"政策的推广提供决策参考。

第8章

研究结论与政策建议

"稻改旱"政策是重新配置农业部门与非农部门水资源的重要工具，如何科学准确评价"稻改旱"政策是政策实施中关键问题。围绕此问题本书在对已有相关文献梳理的基础上，以密云水库流域"稻改旱"政策为例，基于要素替代理论、农户行为理论和外部性理论，利用农户调查数据，从中观和微观视角考察了政策的节水效果，系统地评估了"稻改旱"政策对农户收入的影响方向、影响程度和异质性，提出了政策未来可持续推进的改进措施，并得出以下结论和政策建议。

8.1 研究结论

本研究主要探究了密云水库流域"稻改旱"政策的节水效果，并且评估了该政策对农户收入的影响。为了系统地厘清政策成效，本书分别以村域和农户为研究尺度，测算了政策的节水量，从种植结构调整和灌溉节水技术采用两个方面分析了政策节水效果的微观机理。为全面分析政策对农户收入的影响，分析了政策实施前后农户生产行为状况，考察了政策前后"稻改旱"农户和非"稻改旱"农户收入差异，识别了"稻改旱"政策对农户家庭总收入、农业收入、工资性收入、财产性收入以及转移性收入的影响。而且，采用了三种计量模型作为研究方法以此提高政策经济影响评估结果的科学性。本书的具体研究结论主要如下：

第一，村域层面"稻改旱"政策节水效果核算与分析表明，自2006年密云水库上游"稻改旱"政策实施以来，密云水库来水量没有显著增加。"稻改旱"政策覆盖区域最大的三道营水文站数据显示，政策实施后密云水库流域水资源量有一定程度上升，却没有显著增加。基于政策前后种植结构调整、作物用水量定量测算出"稻改旱"政策区域层面的节水效果，测算结果表明相对于政策实施前2006年，2017年政策实施的节水效果显著，样本村节水总量为

438.85万立方米。"稻改旱"政策成效的实现一方面依赖耕作制度的变革，即由高耗水的水稻改为耗水相对少的旱作，从作物角度来看，政策前作物用水平均为800立方米/亩，政策实施后旱作作物每亩用水大幅减少，以玉米为例，该作物用水定额仅为政策前作物的1/8。此外，从政策前后同一个作物的用水定额的变化上看，由于核算方法科学性的提高、技术水平的提高，同一作物用水定额在数值上整体呈下降趋势。另一方面来自政策较好的执行力，具体表现在参与政策的村100%由稻作改为旱作，而且政策实施10多年来没有出现复耕现象。2014年北京南水北调中线工程开始后，相比南水北调等水资源重新配置政策或工程，当前"稻改旱"政策作为北京市主要水资源供应管理措施之一，其收益—成本比率较高，将是作为未来较长时间内该区域水资源优化配置的主要工具。根据样本推算2017年"稻改旱"政策总节水效果约为2 460万立方米，然而从年际动态变化来看，政策的节水效果在缩减，2017年政策节水效果只有2010年的1/3，政策成效出现了节水反弹现象。"稻改旱"政策实施后节水效果缩减的原因可能是政策实施区域用水管理和高耗水作物种植比例增加，由于密云水库上游"稻改旱"政策设计中没有对政策实施区域地下水使用进行管理或限定。对地下水使用量增加，地下水使用管理较少，地下水使用量的增加抵消了政策的部分节水效果。

第二，"稻改旱"政策节水效果微观机理分析表明，参与"稻改旱"政策农户家庭耕地经营面积减少，从政策前的户均6.32亩减少到政策后的6.19亩。非"稻改旱"户户均耕地经营面积绝大多数高于"稻改旱"户户均耕地经营面积。从两组群体样本平均来看，非"稻改旱"户户均耕地经营面积为7.81亩，而"稻改旱"户户均耕地经营面积仅6.19亩。政策实施后改旱土地种植作物农户作物品种更加多样化，由改旱前较为单一的作物种植增加到改旱后的2～3种，以蔬菜、果树、苗木为代表的经济价值高的农作物种植面积比例有一定增加，但其所占比重较低。改旱作物个体之间异质性，但仍以玉米等传统旱作为主，参与政策的92%农户改种的作物中包括玉米。从政策对农户种植结构调整的影响结果来看，"稻改旱"政策显著促进了低耗水型作物种植结构优化，参与政策农户低耗水型作物种植比例比非政策农户提高了约52.6个百分点，家庭人均收入、人口规模、水利设施条件是农户种植结构优化的影响因素。"稻改旱"政策补偿的提高会促进参与政策农户节水，参与政策的农户通过作物种植结构的优化和灌溉节水技术采用，实现政策节水效果和节水弹性空间的增加。"稻改旱"政策实施后灌溉节水技术采用村的比率显著增加，由政策前的不足6%增加到政策实施后的70%。政策前传统型灌溉节水技术采用最多，政策实施后传统型、农户型和社区型三种类型节水技术采用广度较为接近，其中，农户型技术采用广度最多，覆盖率约为59.69%。政策实施后农户采用的灌溉节水技术种类增多，每项节水技术采用的户数也有所增加。政策实施前传统型节水技术中，沟灌和地膜覆盖两种节水技术采用户数最多，分别为 10 户、7 户，采用的比例分别为 90.91％、63.64％。政策实施后农户型技术采用户数最多，其中抗旱品种、地面管道的采用比例分别为 71.74％、50.00％。农户节水技术采用影响因素的 Logit 模型结果显示，影响传统型灌溉节水技术采用的因素主要为户主政治地位、地块产权、市场距离以及天桥镇区域虚拟变量，这三个变量均对传统型灌溉节水技术采用有正向影响。农户型灌溉节水技术影响因素回归结果表明，政策认知和政策补偿标准对农户型节水技术采用均有积极的影响。控制变量中，户主风险态度、市场距离、虎什哈镇区域虚拟变量对农户型灌溉节水技术采用有显著影响。社区型灌溉节水技术影响因素回归结果表明，政策认知、政策补偿标准对节水技术采用发挥了积极的作用。其他控制变量中，户主外出务工时间、村水利设施条件、市场距离、村水资源短缺程度、胡麻营乡和虎什哈镇区域虚拟变量对社区型农户节水技术、采用有显著的影响。使用线性概率模型进行"稻改旱"农户灌溉节水技术、采用影响因素 Logit 模型稳健性检验，检验结果表明各个解释变量对被解释变量的影响方向和三种类型的灌溉节水技术模型回归结果基本一致，而且变量的统计检验也在不同水平上显著。

第三，"稻改旱"政策对农户收入影响研究结果表明，从农户生产适应行为来看，"稻改旱"政策节水效果微观机理分析表明：从政策实施前后农户家庭耕地质量变化来看，"稻改旱"政策实施后样本整体地块质量比政策前有所下降。"稻改旱"政策实施后土地流转现象较多，样本户中约有 50.51％农户进行过土地的转入或转出行为。政策实施十多年以来，旱作物重新调整比例较低。"稻改旱"政策经济影响的分位数回归模型结果显示，政策对不同分位点农户家庭收入影响有显著差异，倾向匹配倍差模型（PSM－DID）实证结果发现，参与"稻改旱"政策后处理组农户家庭总收入比未参加政策的农户家庭收入平均水平高 17 245 元，家庭人均收入水平增加了 4 830 元。密云水库流域"稻改旱"政策对参与政策的农户有显著的增收效应，一定程度上实现了政策外部效应内部化。而且，"稻改旱"政策实施中长期的增收效应大于中短期增收效应，具体表现如下，"稻改旱"政策经济影响由 2010 年人均 2 000～3 000元增加到了 2017 年的 4 830 元。从收入结构上看，"稻改旱"政策对农户农业收入有显著的负向影响，参与政策后"稻改旱"农户家庭农业收入平均水平降低了 1 185 元，同时政策对农户家庭工资性收入和财产性收入发挥了正效应，两项收入平均增加了 8 059 元、7 686 元，"稻改旱"政策促进农户家庭整体经济增收途径主要来自补偿效应、农业剩余劳动力有效转移、土地流转三个方面。

第四，"稻改旱"政策可持续性评价及改进措施结果显示，政策本身的可持续性以"稻改旱"政策成本有效性指标衡量，中观和微观尺度的成本有效性指标结果表明，"稻改旱"政策成本有效性较高，政策效率目标基本符合预期。从效率角度来看，在北京所有的用水调控措施中"稻改旱"政策具有一定优势，可以继续作为区域水资源重新配置管理者的选择之一，保障北京用水安全。同时，随着政策推进"稻改旱"政策成本有效性降低的现象也需要得到政策管理者更高的重视。考察公平原则的"稻改旱"政策实施的可持续性以政策实施带来的经济影响方向、程度及动态变化衡量，结果表明政策实施的可持续性表现较良好。具体而言，从政策经济影响方向来看，"稻改旱"政策实施改善了农户收入，这对水资源短缺和经济贫困双重困境地区发挥了一定程度的减贫作用。而且，"稻改旱"政策经济影响演变规律呈现一定的经济红利效应。然而，"稻改旱"政策也存在一些局限性，其中政策本身设计的局限性表现在政策配套的法律法规缺位或发展滞后，政策成效调控反馈机制尚显不足，政策微观视角下节水效果的保持和改善缺乏微观动力机制。同时，在"稻改旱"政策实施过程中也有一些不足，例如，政策对农户持续增收的机制尚未形成，政策动态补偿调整机制不完善，政策风险防控措施不完备等。而加快"稻改旱"政策针对性的法律法规和制度建设，重视政策节水效果反弹、完善配套政策，保障劳动力有效转移、增加收入多元化，建立动态补偿调整机制，优化政策管理调控，是完善政策节水成效、经济可持续性和推动"稻改旱"政策可持续推进的有效举措。

8.2 政策建议

基于上述研究结论，为了促进"稻改旱"政策可持续推进，推动政策逐步成熟和更规范运作，本书提出以下针对性的政策建议：

第一，结合我国水资源、制度、技术等方面的国情，汲取发达国家推进竞争性用水管理政策的成功经验，积极缩小我国与国际前沿之间的理论和实践发展差距，助益我国水资源高效配置。面对我国农业水资源基数大、农业用水效率水平较低、农业与非农部门用水竞争加剧、水权法律针对性弱的现实，在跨部门水资源转移工具选择上，除了要明确界定交易中的农业水权，制定农业水权初始分配的科学方案，并因地制宜地实施，更要健全水资源"农转非"的法律法规和制度，提高水权交易已有法律法规的指导性和可操作性，让农业与非农部门竞争用水有坚实的法理基础。借鉴发达国家先进的政策调控模式，政策调控方式变后向调控为政策前向引导和后向调控结合，提高政策绩效管理的灵活性。

　　第二，"稻改旱"政策节水效果管理调控上，政策设计中要考虑结合实施区域提供改旱作物的指导清单，在此基础上以农产品市场信息和惠农政策为导向调整种植结构。重视"稻改旱"政策覆盖区域参与政策农户的用水管理，尤其要关注农户的地下水管理，加快农业量水设施的硬件配套和应用，加强"稻改旱"政策实施区域农业用水计量管理，减少政策节水效果缩减，保持"稻改旱"政策节水效果的可持续性。在政策节水效果的调控管理上可以考虑以洞悉农业市场的村级干部作为"稻改旱"政策节水成效的调控支点，提高政策执行的效率。

　　第三，政策节水效果农户管理方面，加大政策实施区域节水技术推广和宣传，强化补偿标准对农户节水行为激励作用，丰富政策节水成效的管理手段。具体而言，宣传部门要增加"稻改旱"政策科普教育，提高农户对政策的认知水平，以认知优化农户用水行为。有效利用"稻改旱"政策对农户节水技术采用、用水效率的激励功能，适当提高补偿标准，建立政策补偿浮动机制。"稻改旱"政策节水管理中不仅要依赖行政手段，还要充分利用经济手段。为了应对未来政策调整农户复耕水田作物带来的政策成效反弹，当地政府需要发挥指导性作用，农业用水相关的设施、资金和价格政策要同步配套，改善农地基础设施，尤其是用水管理部门加强节水灌溉设施投入和节水补贴，利用价格杠杆作用制定合理的水资源开发利用制度，加强政策成效与农户利益联结度，优化农户用水行为，借助政策成效与农户利益融合机制筛选合理的农户用水适应行为。

　　第四，针对"稻改旱"政策对农户收入积极作用，要优化农户生产适应行为，增强政策增收效应的持续造血功能，改善参与政策农户经济福利。首先，"稻改旱"政策实施区域地方政府要统筹农业生产布局，以市场为驱动，农艺人员加强对农户新品种新作物种植培训，尤其要利用好京津大城市的区位优势增加经济价值高的作物，提高农业附加值、延长价值链。其次，要加快土地有序流转市场建立，利用土地交易中心、村两委、农业能人等正式和非正式制度降低交易成本，鼓励当地新型经营主体的建立和运营，为其发展壮大提供资金、政策、信息和平台支持，促进土地规模化水平。此外，在农业生产和非农就业上，要建立"稻改旱"政策多元溢出渠道，提高农户对未来政策动态调整适应能力。人力资源和社会保障部门要通过劳动力技能培训、就业信息发布提高农村剩余劳动力就业率，充分利用种植模式调整后释放的劳动力，为政策生态补偿调整提供弹性空间。最后，未来政策补偿机制构建不仅要考虑农户对水量贡献还要将政策的长期红利效应纳入决策参考。最终实现"稻改旱"政策节水和农户经济互利共赢，为竞争性用水管理政策在其他地区实践和推广实施提供借鉴，为京冀水资源—经济社会协同发展提供决策参考。

8.3　研究不足与展望

本研究在掌握密云水库流域"稻改旱"政策实施概况基础上，核算了政策节水效果，探究了政策节水效果微观机理，评估了政策农户收入影响。总体来看，本研究存在如下三个方面的不足：

其一，调研数据的缺陷。鉴于研究经费的限制，微观调查数据样本量并不完全丰富，使得本书中"稻改旱"政策对农户收入影响的实证分析存在一些缺憾。具体而言，倾向匹配倍差研究方法通常适合更大的样本量，而较少的样本量使得匹配方法选择受限，并且在匹配过程中会损失部分样本使得样本量进一步缩减，抽样方法只能限定在放回抽样上，某种程度上影响研究方法选择的灵活性和研究内容的丰富性。未来的研究中需要进一步丰富"稻改旱"政策微观农户样本，并对已有样本实现动态追踪，建立"稻改旱"政策多期农户数据库，为政策影响研究提供更好的数据保障。

其二，"稻改旱"政策影响评估研究需要丰富研究主体和维度。"稻改旱"政策经济影响实证分析上，侧重政策对农业部门微观农户影响，由于研究时间和经费的限制，在影响受体选择上没有将政策对非农部门的经济影响纳入分析范围。"稻改旱"政策引入重要的驱动因素之一是非农部门用水供需矛盾激化，因而政策实施对非农部门的影响有待甄别，在未来的研究中将进一步考虑政策对非农部门影响。另外，政策影响维度上，政策实施对生态环境的影响关注较少。"稻改旱"政策的实施也伴随着实施区域、流域水文、水环境和水生态的变化，政策生态环境的影响可能会随着时间演变逐步显现，因而为了更全面系统地掌握政策实施效果，有必要将政策影响研究维度拓展到生态环境影响，并在政策实施过程保持动态监测，这也将成为下一步研究的方向和内容。

其三，"稻改旱"政策补偿机制有待进一步改进和完善。尽管本研究表明现有政策补偿标准对政策管理者而言具有较好的经济效率，然而，现有政策补偿标准在政策成效激励上的功能未能充分发挥。而且，当前补偿标准缺乏动态性、补偿方式缺乏丰富性，这不利于政策可持续的管理，更加优化的政策补偿机制有待进一步探讨。政策补偿机制的优化和重构是一项复杂而系统的研究，涉及政策微观节水效果激励功能、政策经济影响、政策成本约束等多因素的整合。未来随着政策农户数据库的完善，政策补偿机制研究中不仅要考虑农户对水量贡献还要将政策的长期经济影响红利效应纳入决策参考，而且上游农业发展的水平也需要更具体的补偿标准量化，更加科学的补偿机制有待构建。以此为竞争性用水管理政策为其他地区实践和推广提供借鉴，也为京冀水资源—社会经济协同发展、粮食安全提供支撑。

主要参考文献
REFERENCES

北京市统计局国家统计局北京调查总队, 2019. 北京区域统计年鉴 2018 [M]. 北京: 中国统计出版社.

陈林, 伍海军, 2015. 国内双重差分法的研究现状与潜在问题 [J]. 数量经济技术经济研究, 32 (7): 133-148.

陈强, 2014. 高级计量经济学及 Stata 应用 (第二版) [M]. 北京: 高等教育出版社.

陈晓玲, 徐舒, 连玉君, 2015. 要素替代弹性、有偏技术进步对我国工业能源强度的影响 [J]. 数量经济技术经济研究 (3): 58-76.

仇童伟, 罗必良, 2018. 农地产权强度对农业生产要素配置的影响 [J]. 中国人口资源与环境 (1): 63-70.

崔嘉文, 2014. 密云水库上游地区生态补偿对农户生计影响的研究 [D]. 北京: 北京林业大学.

董文福, 李秀彬, 2007. 密云水库上游地区 "退稻还旱" 政策对当地农民生计的影响 [J]. 资源科学, 29 (2): 21-27.

董艳梅, 朱英明, 2016. 高铁建设能否重塑中国的经济空间布局——基于就业、工资和经济增长的区域异质性视角 [J]. 中国工业经济 (10): 92-108.

杜传文, 2012. 社会嵌入对家族企业创业导向的作用机制研究 [D]. 杭州: 浙江大学.

杜彦其, 2016. 煤炭可持续发展基金红利效应及政策评价研究 [D]. 太原: 山西财经大学.

方兰, 2006, Ernst-August Nuppenau. 空间水资源模型中对高效灌溉技术应用的效应分析 [J]. 数量经济技术经济研究 (3): 85-94.

方向明, 陈祁辉, 褚雪玲, 2014. 政策影响评估 [M]. 北京: 中国农业出版社.

冯文琦, 纪昌明, 2006. 水资源优化配置中的市场交易博弈模型 [J]. 华中科技大学学报 (自然科学版), 34 (11): 83-85.

冯哲, 2014. 粮食安全视角下的水资源 "农转非" 评价与监管研究 [D]. 泰安: 山东农业大学.

付银环, 郭萍, 方世奇, 等, 2014. 基于两阶段随机规划方法的灌区水资源优化配置 [J]. 农业工程学报, 30 (5): 73-81.

盖庆恩, 朱喜, 史清华, 2014. 劳动力转移对中国农业生产的影响 [J]. 经济学 (季刊), 13 (3): 1147-1170.

高媛媛, 王红瑞, 韩鲁杰, 等, 2010. 北京市水危机意识与水资源管理机制创新 [J]. 资源科学，（2）：274-281.

郭轲，2016. 兼业视角下河北省退耕农户生产要素配置行为：动态演变及其驱动因素 [D]. 北京：北京林业大学.

郭思哲，2014. 国际河流水权制度构建与实证研究 [D]. 昆明：昆明理工大学.

国家发展和改革委员会价格司，2006. 全国农产品成本收益资料汇编 2006 [M]. 北京：中国统计出版社.

国家发展和改革委员会价格司，2019. 全国农产品成本收益资料汇编 2018 [M]. 北京：中国统计出版社.

国家统计局农村社会经济调查司，2019. 中国县域统计年鉴 2018 [M]. 北京：中国统计出版社.

哈尔·R. 范里安，费方域，朱保华，等，2015. 微观经济学第 9 版 [M]. 上海：格致出版社.

韩洪云，赵连阁，王学渊，2010. 农业水权转移的条件——基于甘肃、内蒙典型灌区的实证研究 [J]. 中国人口资源与环境，20（3）：100-106.

洪永淼，2015. 提倡定量评估社会经济政策，建设中国特色新型经济学智库 [J]. 经济研究，50（12）：19-22.

侯麟科，仇焕广，白军飞，等，2014. 农户风险偏好对农业生产要素投入的影响——以农户玉米品种选择为例 [J]. 农业技术经济（5）：21-29.

胡鞍钢，王亚华，2000. 转型期水资源配置的公共政策：准市场和政治民主协商 [J]. 中国软科学（5）：5-11.

胡继连，仇相玮，2016. 水资源"农转非"监控管理研究 [J]. 山东社会科学（10）：107-112.

胡继连，葛颜祥，2004. 黄河水资源的分配模式与协调机制——兼论黄河水权市场的建设与管理 [J]. 管理世界（8）：43-52，60.

胡继连，赵娜，2016. 水资源"农转非"市场化运作研究——基于山东聊城位山灌区的实证分析 [J]. 东岳论丛，37（9）：24-35.

黄红光，戎丽丽，胡继连，2012. 水资源"农转非"的市场调节研究 [J]. 中国农业资源与区划，33（2）：45-50.

黄宗智，彭玉生，2007. 三大历史性变迁的交汇与中国小规模农业的前景 [J]. 中国社会科学（4）：75-89，206-207.

黄宗智，2000a. 华北小农经济与社会变迁 [M]. 北京：中华书局.

黄宗智，2000b. 长江三角洲小农家庭与乡村发展 [M]. 北京：中华书局.

江家耐，2010. 我国消费税功能创新与征税范围研究 [D]. 大连：东北财经大学.

姜东晖，胡继连，2008. 对水资源"农转非"现象的经济学分析 [J]. 中国农业资源与区划，29（3）：21-25.

姜东晖，靳雪，胡继连，2011. 农用水权的市场化流转及其应用策略研究 [J]. 农业经济问题（12）：20-24.

姜文来，2001. 中国 21 世纪水资源安全对策研究 [J]. 水科学进展（1）：66-71.

蒋舟文，2008. 水资源约束下西北地区农业结构调整研究 [D]. 咸阳：西北农林科技大学.

来晨霏, 田贵良, 2012. 中国二元经济中水资源流转模式研究 [J]. 中国人口资源与环境, 22 (8): 90-95.

雷玉桃, 2005. 水资源管理的外部性及其校正策略研究 [J]. 经济问题 (11): 17-19.

李昌彦, 王慧敏, 佟金萍, 等, 2013. 气候变化下水资源适应性系统脆弱性评价——以鄱阳湖流域为例 [J]. 长江流域资源与环境, 22 (2): 160.

李宁, 何文剑, 仇童伟, 等, 2017. 农地产权结构、生产要素效率与农业绩效 [J]. 管理世界 (3): 44-62.

李涛, 郭杰, 2009. 风险态度与股票投资 [J]. 经济研究 (2): 57-68.

李眺, 2007. 我国城市供水需求侧管理与水价体系研究 [J]. 中国工业经济 (2): 43-51.

李伟, 2015. 坚持专业性、科学性和开放性理念实现政策评估的客观、公正与准确 [J]. 管理世界 (8): 1-4.

李兴拼, 杨建新, 2013. 中国水利学会 2013 年学术年会论文集 [C]. 北京: 中国水利水电出版社.

李雪松, 高鑫, 2009. 基于外部性理论的城市水环境治理机制创新研究——以武汉水专项为例 [J]. 中国软科学 (4): 92-96, 102.

李玉文, 陈惠雄, 徐中民, 2010. 集成水资源管理理论及定量评价应用研究——以黑河流域为例 [J]. 中国工业经济 (3): 139-148.

梁义成, 刘纲, 马东春, 等, 2013. 区域生态合作机制下的可持续农户生计研究: 以 "稻改旱" 项目为例 [J]. 生态学报, 33 (3): 693-701.

林成, 2011. 从市场失灵到政府失灵: 外部性理论及其政策的演进 [M]. 长春: 吉林大学出版社.

刘璠, 陈慧, 陈文磊, 2015. 我国跨区域水权交易的契约框架设计研究 [J]. 农业经济问题, 36 (12): 42-49, 110-111.

刘钢, 杨柳, 石玉波, 等, 2017. 准市场条件下的水权交易双层动态博弈定价机制实证研究 [J]. 中国人口·资源与环境, 27 (4): 151-159.

刘红梅, 王克强, 黄智俊, 2008. 我国农户学习节水灌溉技术的实证研究——基于农户节水灌溉技术行为的实证分析 [J]. 农业经济问题 (4): 21-27.

刘慧龙, 王成方, 吴联生, 2014. 决策权配置、盈余管理与投资效率 [J]. 经济研究 (8): 93-106.

刘静, Ruth Meinzen-Dick, 钱克明, 等, 2008. 中国中部用水者协会对农户生产的影响 [J]. 经济学 (季刊) (2): 465-480.

刘敏, 2016. "准市场" 与区域水资源问题治理: 内蒙古清水区水权转换的社会学分析 [J]. 农业经济问题, 37 (10): 41-50.

刘学敏, 2004. 从 "庇古税" 到 "科斯定理": 经济学进步了多少 [J]. 中国人口·资源与环境 (3): 133-135.

刘亚克, 王金霞, 李玉敏, 等, 2011. 农业节水技术的采用及影响因素 [J]. 自然资源学报 (6): 932-942.

刘亚洲, 钟甫宁, 2019. 风险管理 VS 收入支持: 我国政策性农业保险的政策目标选择研究

[J]．农业经济问题（4）：130－139．

刘一明，罗必良，2014．可交易的水权安排对农户灌溉用水行为的影响——基于农户行为模型的理论分析［J］．数学的实践与认识，44（5）：7－14．

刘莹，黄季焜，王金霞，2015．水价政策对灌溉用水及种植收入的影响［J］．经济学（季刊），14（4）：1375－1392．

刘宇，黄季焜，王金霞，等，2009．影响农业节水技术采用的决定因素——基于中国10个省的实证研究［J］．节水灌溉（10）：1－5．

刘钰，汪林，倪广恒，等，2009．中国主要作物灌溉需水量空间分布特征［J］．农业工程学报，25（12）：6－12．

柳荻，胡振通，靳乐山，2019．基于农户受偿意愿的地下水超采区休耕补偿标准研究［J］．中国人口·资源与环境（8）：130－139．

曼昆，Mankiw，梁小民，等，2012．经济学原理：微观经济学分册［M］．北京：北京大学出版社．

闵庆文，刘伟玮，谢高地，等，2015．首都生态圈及其自然生态状况［J］．资源科学，37（8）：1504－1512．

潘海英，叶晓丹，2018．水权市场建设的政府作为：一个总体框架［J］．改革（1）：95－105．

秦欢欢，孙占学，高柏，2019．农业节水和南水北调对华北平原可持续水管理的影响［J］．长江流域资源与环境（7）：1716－1724．

秦强，范瑞，2018．金砖国家金融发展与收入差距的动态影响机制——基于面板分位数回归的估计［J］．宏观经济研究（10）：154－164．

沈满洪，2006．水权交易与契约安排——以中国第一包江案为例［J］．管理世界（2）：32－40，70．

沈满洪，2005．水权交易与政府创新：以东阳义乌水权交易案为例［J］．管理世界（6）：45－56．

石腾飞，2018．"关系水权"与社区水资源治理：内蒙古查村的个案研究［J］．中国农村观察（1）：40－52．

孙文凯，王乙杰，2016．父母外出务工对留守儿童健康的影响——基于微观面板数据的再考察［J］．经济学（季刊），15（3）：963－988．

唐曲，2008．国内外水权市场研究综述［J］．水利经济，26（2）：22－25．

田丰，2016．家庭负担系数研究［M］．北京：社会科学文献出版社．

田素妍，陈嘉烨，2014．可持续生计框架下农户气候变化适应能力研究［J］．中国人口·资源与环境，24（5）：31－37．

佟金萍，马剑锋，王慧敏，等，2014．中国农业全要素用水效率及其影响因素分析［J］．经济问题（6）：101－106．

童庆蒙，张露，张俊飚，2018．家庭禀赋特征对农户气候变化适应性行为的影响研究［J］．软科学（1）：136－139．

王成超，杨玉盛，庞雯，等，2017．国内外农户对气候变化/变异感知与适应研究［J］．地理科学，37（6）：938－943．

王春超, 2011. 转型时期中国农户经济决策行为研究中的基本理论假设 [J]. 经济学家, 1 (1): 57 - 62.

王凤婷, 张倩, 吴锋, 2019. 产业转型发展下北京市社会经济系统用水变化及驱动因素 [J]. 水利经济, 37 (6): 13 - 20, 85.

王广金, 王心农, 2011. 引黄灌区农民"节水节不了费"的成因分析及破解对策 [J]. 财政研究 (3): 45 - 48.

王海永, 沈红, 丛振涛, 等, 2018. 宁夏汉延渠灌区灌溉用水量变化影响因素分析 [J]. 节水灌溉 (11): 61 - 64, 72.

王慧敏, 佟金萍, 2011. 水资源适应性配置系统方法及应用 [M]. 北京: 科学出版社.

王金霞, 黄季焜, Scott Rozelle, 2005. 地下水灌溉系统产权制度的创新及流域水资源核算 [M]. 北京: 中国水利水电出版社.

王金霞, 黄季焜, 徐志刚, 等, 2005b. 灌溉、管理改革及其效应——黄河流域灌区的实证分析 [M]. 北京: 中国水利水电出版社.

王金霞, 李浩, 夏军, 等, 2008. 气候变化条件下水资源短缺的状况及适应性措施 [J]. 气候变化研究进展, 4 (6): 336 - 342.

王金霞, 徐志刚, 黄季焜, 等, 2005a. 水资源管理制度改革、农业生产与反贫困 [J]. 经济学 (季刊), 5 (4): 189 - 202.

王克强, 刘红梅, 2009. 中国农业水权流转的制约因素分析 [J]. 农业经济问题, 30 (10): 7 - 13, 110.

王克强, 刘红梅, 2010. 建立精准的用水计量体系和累进的农业用水价格机制的调查研究 [J]. 软科学, 24 (2): 99 - 102.

王双英, 2012. 农业水资源非农化利用及利益补偿机制研究 [D]. 杭州: 浙江大学.

王晓君, 石敏俊, 王磊, 2013. 干旱缺水地区缓解水危机的途径: 水资源需求管理的政策效应 [J]. 自然资源学报, 28 (7): 1117 - 1129.

王学渊, 韩洪云, 邓启明, 2007. 水资源"农转非"对农村发展的影响: 对河北省兴隆县转轴沟村的案例研究 [J]. 中国农业大学学报 (社会科学版), 24 (1): 130 - 137.

王雪妮, 孙才志, 邹玮, 2011. 中国水贫困与经济贫困空间耦合关系研究 [J]. 中国软科学 (12): 180 - 192.

吴玉鸣, 2010. 中国区域农业生产要素的投入产出弹性测算——基于空间计量经济模型的实证 [J]. 中国农村经济 (6): 25 - 37.

西奥多·W. 舒尔茨, 2006. 改造传统农业 [M]. 北京: 商务印书馆.

肖国兴, 2004. 论中国水权交易及其制度变迁 [J]. 管理世界 (4): 51 - 60.

谢平, 吕松, 2005. 从"天然气银行"到"水银行"——安然公司在几个管制行业的金融创新及启示 [J]. 金融研究 (5): 19 - 24.

徐畅, 程宝栋, 李凌超, 等, 2019. 政治身份降低了流转租金吗——来自浙江省的实证检验 [J]. 农业技术经济 (9): 73 - 81.

徐晋涛, 陶然, 徐志刚, 2004. 退耕还林: 成本有效性、结构调整效应与经济可持续性——基于西部三省农户调查的实证分析 [J]. 经济学 (季刊) (4): 143 - 166.

徐志伟, 2012. 京冀地区水资源补偿问题研究 [D]. 天津: 天津财经大学.

薛彩霞，黄玉祥，韩文霆，等，2018. 政府补贴、采用效果对农户节水灌溉技术持续采用行为的影响研究 [J]. 资源科学，40 (7)：1418-1428.

薛彩霞，姚顺波，2016. 地理标志使用对农户生产行为影响分析：来自黄果柑种植农户的调查 [J]. 中国农村经济 (7)：23-35.

杨宇，王金霞，黄季焜，2016. 农户灌溉适应行为及对单产的影响：华北平原应对严重干旱事件的实证研究 [J]. 资源科学，38 (5)：104-112.

杨云彦，赵锋，2009. 可持续生计分析框架下农户生计资本的调查与分析：以南水北调（中线）工程库区为例 [J]. 农业经济问题 (3)：58-65.

尹云松，孟枫平，糜仲春，2004. 流域水资源数量与质量分配双重冲突的博弈分析 [J]. 数量经济技术经济研究 (1)：136-140.

张建斌，朱雪敏，李梦莹，2019. 水权交易的节水效果：理论分析与实践验证 [J]. 内蒙古财经大学学报，17 (5)：6-9.

张宁，张建平，董宏纪，等，2016. 农村水利市场化管理困境中的利益相关者与组织激励——基于浙江省农村微观数据的实证检验 [J]. 中国农村观察 (5)：65-76, 96.

赵成，于萍，2016. 生态文明制度体系建设的路径选择 [J]. 哈尔滨工业大学学报（社会科学版），18 (5)：107-114.

赵雪雁，2014. 农户对气候变化的感知与适应研究综述 [J]. 应用生态学报，25 (8)：2440-2448.

郑晓冬，方向明，张朝阳，2017. 影响评估方法在健康经济研究中的应用与潜在问题——以随机干预试验与倍差法为例 [J]. 西北工业大学学报（社会科学版），37 (1)：19-23, 48.

郑新业，李芳华，李夕璐，等，2012. 水价提升是有效的政策工具吗 [J]. 管理世界 (4)：47-59, 69, 187.

郑艳，潘家华，谢欣露，等，2016. 基于气候变化脆弱性的适应规划：一个福利经济学分析 [J]. 经济研究，51 (2)：140-153.

中华人民共和国水利部，2019. 中国水资源公报 2018 [M]. 北京：中国水利水电出版社.

钟甫宁，何军，2007. 增加农民收入的关键：扩大非农就业机会 [J]. 农业经济问题 (1)：62-70, 112.

周玉玺，葛颜祥，周霞，2015. 我国水资源"农转非"驱动因素的时空尺度效应 [J]. 自然资源学报，30 (1)：65-77.

朱长宁，王树进，2014. 退耕还林对西部地区农户收入的影响分析 [J]. 农业技术经济 (10)：58-66.

朱红根，周曙东，2011. 南方稻区农户适应气候变化行为实证分析——基于江西省 36 县（市）346 份农户调查数据 [J]. 自然资源学报，26 (7)：1119-1128.

朱明仓，2006. 农用地质量评价与粮食安全研究 [D]. 成都：西南财经大学.

Abadie, A. and G. W. Imbens, 2016. Matching on the Estimated Propensity Score [J]. Econometrica, 84 (2)：781-807.

Alarcón, J., A. Garrido and L. Juana, 2014. Managing Irrigation Water Shortage: A Comparison Between Five Allocation Rules Based on Crop Benefit Functions [J]. Water Resources Management, 28 (8): 2315-2329.

Alberta, H. C. and C. W. Gary, 1990. Socioeconomic impacts of water farming on rural areas of origin in Arizona [J]. American Journal of Agricultural Economics, 72 (5): 1193-1199.

Australian National Water Commission, 2010. The Impacts of water trading in the southern Murray-Darling Basin: An economic, social and environmental assessment [M]. Canberra: National Water Commission.

Banihabib, M. E., M. Hosseinzadeh, R. C. Peralta, 2016. Optimization of inter-sectorial water reallocation for arid-zone megacity-dominated area [J]. Urban Water Journal, 13 (8): 852-860.

Bilal, A. R. and M. M. A. Baig, 2018. Transformation of agriculture risk management: The new horizon of regulatory compliance in farm credits [J]. Agricultural Finance Review (2): 1-12.

Cai, X. M., 2008. Water stress, water transfer and social equity in Northern China—implications for policy reforms [J]. Journal of Environmental Management, 87, 14-25.

Cameron, A. C. and P. K. Trivedi, 2010. Microeconometrics Using Stata, Revised Edition [M]. New York: Stata Press.

Celio, M. and M. Giordano, 2007. Agriculture-urban water transfers: A case study of Hyderabad, South-India [J]. Paddy and Water Environment, 5 (4): 229-237.

Chang, H. H. and R. N. Boisvert, 2010. Accounting for the market and non-market values of multifunctional outputs in evaluating water transfers to non-agricultural uses: empirical evidence from Taiwanese rice production [J]. Water Policy, 12 (12): 528-542.

Charles, W. H., K. L. Jeffrey, R. W. Kenneth, 1990. The economic impacts of agriculture-to-urban water transfers on the area of origin: A case study of the Arkansas River Valley in Colorado [J]. American Journal of Agricultural Economics, 72 (5): 1200-1204.

Charney, A. H. and G. C. Woodard, 1990. Socioeconomic impacts of water farming on rural areas of origin in Arizona [J]. American Journal of Agricultural Economics, 72 (5): 1193-1199.

Chen, H., J. Wang, J. Huang, 2014. Policy support, social capital, and farmers adaptation to drought in China [J]. Global Environmental Change, 24: 193-202.

Chiueh, Y. W. and C. C. Huang, 2015. The willingness to pay by industrial sectors for agricultural water transfer during drought periods in Taiwan [J]. Environment and Natural Resources Research, 5 (1): 38-45.

Christian, G., A. Maria, H. Grant, 2019. Groundwater Ecosystems and Their Services: Current Status and Potential Risks: Drivers, Risks, and Societal Responses [M]. Atlas of Ecosystem Services.

Chunrong, A. and C. Edward, 2003. Interaction terms in logit and probit models [J]. Economics Letters, 80 (1): 123-129.

Claudia, P. W., 2007. Transitions Towards Adaptive Management of Water Facing Climate and Global Change [J]. Water Resources Management, 21 (1): 49-62.

Crase, L., P. Pagan, B. Dollery, 2004. Water markets as a vehicle for reforming water resource allocation in the Murray – Darling Basin of Australia [J]. Water Resources Research, 40 (8): 1 – 10.

Dai, X. P., X. H. Zhang, Y. P. Han, et al., 2017a. Impact of agricultural water reallocation on crop yield and revenue: A case study in China [J]. Water Policy, 19 (3): 513 – 531.

Dai, X. P., Y. P. Han, X. H. Zhang, et al., 2017b. Development of a water transfer compensation classification: A case study between China, Japan, America and Australia [J]. Agricultural Water Management, 182, 151 – 157.

Dai, X. P., Y. P. Han, X. H. Zhang, et al., 2015. Impacts on the utilization degree of canal water caused by agricultural water reallocation: A case study from China [J]. Water Policy, 17 (5): 815 – 830.

Dalin, C., H. Qiu, N. Hanasaki, et al., 2015. Balancing water resource conservation and food security in China [J]. Proceedings of the National Academy of Sciences of the United States of America, 112 (15): 4588 – 4593.

Debaere, P., B. D. Richter, K. F. Davis, et al., 2014. Water markets as a response to scarcity [J]. Water Policy, 16 (4): 625 – 649.

Dinar, A., M. W. Rosegrant, R. Meinzendick, 1997. Water Allocation Mechanisms: Principles and Examples [J]. Policy Research Working Paper, 95 (1): 30 – 41.

Fang, X. M., 2006. Water shortages, water allocation and economic growth: The case of China [C]. University of Minnesota, Center for International Food and Agricultural Policy.

FAO. EToCalculator [EB/OL]. http: //www. fao. org/land – water/databases – and – software/ eto – calculator/en/, 1998 – 05 – 06/2010 – 10 – 01.

Flörke, M., C. Schneider, R. I. Mcdonald, 2018. Water competition between cities and agriculture driven by climate change and urban growth [J]. Nature Sustainability, 1 (1): 51 – 58.

Freeman, R. E., 2010. Strategic Management: the stakeholder approach [M]. Cambridge University Press, 35 – 40.

Gastelum, J. R., J. B. Valdes, S. Stewart, 2009. An analysis and proposal to improve water rights transfers on the Mexican Conchos Basin [J]. Water Policy, 11: 79 – 93.

Gbetibouo, G. A., R. M. Hassan, C. Ringler, 2010. Modelling farmers' adaptation strategies for climate change and variability: The case of the Limpopo Basin, South Africa [J]. Agrekon, 49 (2): 217 – 234.

Grafton, R. Q., J. Pittock, R. Davis, et al., 2013. Global insights into water resources, climate change and governance [J]. Nature Climate Change, 3 (4): 315 – 321.

Grafton, R. Q., J. Williams, C. J. Perry, et al., 2018. The paradox of irrigation efficiency [J]. Science, 361 (6404): 748 – 750.

Hearne, R. R., 2007. Water markets as a mechanism for intersectoral water transfers: The

Elqui Basin in Chile [J]. Paddy and Water Environment, 5 (4): 223 - 227.

Heinz, I., M. Salgot, S. Koo - Oshima, 2011. Water reclamation and intersectoral water transfer between agriculture and cities: A FAO economic wastewater study [J]. Water Science Technology, 63 (5): 1067 - 1073.

Howe, C. W., J. K. Lazo, K. R. Weber, 1990. The economic impacts of agriculture - to - urban water transfers on the area of origin: A case study of the Arkansas River Valley in Colorado [J]. American Journal of Agricultural Economics, 72 (5): 1200 - 1204.

Howe, C. W. and C. Goemans, 2003. Water transfers and their impacts: lessons from three colorado water markets. Journal of the American Water Resources Association, 39 (5): 1055 - 1065.

Hu, Y. N., J. Peng, Y. X. Liu, et al., 2018. Integrating ecosystem services trade - offs with paddy land - to - dry land decisions: A scenario approach in Erhai Lake Basin, south-west China [J]. Science of The Total Environment, 625: 849 - 860.

Huang, C. C., M. H. Tsai, W. T. Lin, et al., 2007. Experiences of water transfer from the agricultural to the non - agricultural sector in Taiwan [J]. Paddy and Water Environment, 5 (4): 271 - 277.

H·德姆塞茨, 1994. 关于产权的理论 [M]. 上海: 上海人民出版社.

IPCC, 2013. The Third Assessment Report - Climate Change 2001: Woking Group Ⅱ: Impacts, Adaptation and Vulnerability [DB/OL]. [10 - 19]. http: //www. ipcc. ch/ipccreports/tar/wg2/index. htm.

Irmen, A., 2005. Extensive and intensive growth in a neoclassical framework [J]. Journal of Economic Dynamics and Control, 29 (8): 1427 - 1448.

Jehle, G. A. and P. J. Reny, 2001. Advanced Microeconomic Theory [M]. 3rd Edition. Upper Saddle River: Prentice Hall.

Jesús, R. G., B. V. Juan, S. Stewart, 2009. An analysis and proposal to improve water rights transfers on the Mexican Conchos Basin [J]. Water Policy, 11 (1): 79 - 93.

Jiao, W., Q. Min, A. M. Fuller, 2017. Converting rice paddy to dry land farming in the Tai Lake Basin, China: toward an understanding of environmental and economic impacts [J]. Paddy and Water Environment, 15 (1): 171 - 179.

Keith, D., 2014. Water, Food, and Agriculture [M]. Berlin: Springer Netherlands.

Klump, R. and D. L. G. Olivier, 2000. Economic Growth and the Elasticity of Substitution: Two Theorems and Some Suggestions [J]. American Economic Review, 90 (1): 282 - 291.

Kmenta, J., 2010. Mostly Harmless Econometrics: An Empiricist's Companion [J]. Business Economics, 45 (1): 75 - 76.

Kmenta, J., 2010. Mostly harmless econometrics: An empiricist's companion [J]. Economic Record, 45 (1): 75 - 76.

Knapp, K. C., M. Weinberg, R. Howitt, et al., 2003. Water transfers, agriculture, and groundwater management: a dynamic economic analysis [J]. Journal of Environmental

Management，67（4）：291 - 301.

Leidner，A. J.，2014. Estimating the effectiveness of health - risk communications with propensity - score matching：application to arsenic groundwater contamination in four US locations [J]. Journal of Environmental and Public Health：783902.

Lena，H. and B. Rutgerd，2017. Urbanizing rural waters：Rural - urban water transfers and the reconfiguration of hydrosocial territories in Lima [J]. Political Geography，57，71 - 80.

Levine，G.，R. Barker，C. C. Huang，2007. Water transfer from agriculture to urban uses：lessons learned，with policy considerations [J]. Paddy and Water Environment，5（4）：213 - 222.

Levine，G.，2007. The Lerma - Chapala river basin：A case study of water transfer in a closed basin [J]. Paddy and Water Environment，5（4）：247 - 251.

Liang，L.，R. Lal，B. G. Ridoutt，et al.，2018. Multi - indicator assessment of a water - saving agricultural engineering project in North Beijing，China [J]. Agricultural Water Management，200：34 - 46.

Liu，M.，L. Yang and Q. Min，2018. Establishment of an eco - compensation fund based on eco - services consumption [J]. Journal of Environmental Management（211）：306 - 312.

Marylou，M. S. and W. S. Stephen，2013. Agricultural urban environment water sharing in the western United States：can engineers engage social science for successful solutions? [J]. Irrigation and Drainage，62（3）：289 - 296.

Matsuno，Y.，N. Hatcho，S. Shindo，2007. Water transfer from agriculture to urban domestic users：A case study of the Tone River Basin，Japan [J]. Paddy and Water Environment，5（4）：239 - 246.

Michelsen，A. M. and R. A. Young，1993. Optioning agricultural water rights for urban water supplies during drought [J]. American Journal of Agricultural Economics，75（4）：1010 - 1016.

Norman，K. W.，1990. The impacts and efficiency of agriculture - to - urban water transfer：Discussion [J]. American Journal of Agricultural Economics，72（5）：1205 - 1206.

OECD，2017. Water Risk Hotspots for Agriculture，OECD Studies on Water [R]. Paris：OECD Publishing.

Peck，D. E.，D. M. Mcleod，J. P. Hewlett，et al.，2004. Irrigation - Dependent wetlands versus in stream flow enhancement：economics of water transfers from agriculture to wildlife uses [J]. Environmental Management，34（6）：842 - 855.

Peikes，D. N.，L. Moreno，S. M. Orzol，2008. Propensity score matching：a note of caution for evaluators of social programs [J]. The American Statistician，62（3）：222 - 231.

Perry，C. J.，M. Rock，D. Seckler，1997. Water as an economic good：a solution，or a problem? [M] //ICT and Critical Infrastructure：Proceedings of the 48th Annual Convention of Computer Society of India - Vol II. Berlin：Springer International Publishing：609 - 615.

Popkin，S. L.，1980. The Rational Peasant [J]. Theory and Society，9（3）：411 - 471.

Qin，X.，C. Sun，Q. Han，et al.，2019. Grey Water Footprint Assessment from the Perspective of Water Pollution Sources: A Case Study of China [J]. Water Resources, 46 (3): 454 - 465.

Reidsma, P., H. Knig, S. Feng, et al., 2011. Methods and tools for integrated assessment of land use policies on sustainable development in developing countries [J]. Land Use Policy, 28 (3): 604 - 617.

Robert, R. H., 2007. Water markets as a mechanism for inter sectoral water transfers: the Elqui Basin in Chile [J]. Paddy and Water Environment, 5 (4): 223 - 227.

Roost, N., X. L. Cai, H. Turral, et al., 2008. Adapting to intersectoral transfers in the Zhanghe Irrigation System, China [J]. Agricultural Water Management, 95 (6): 685 - 697.

Rosegrant, M. and C. Ringler, 2000. Impact on food security and rural development of transferring water out of agriculture [J]. Water Policy, 1 (6): 567 - 586.

Somda, J., Z. Robert, I. Sawadogo, et al., 2017. Adaptation Processes in Agriculture and Food Security: Insights from Evaluating Behavioral Changes in West Africa [M]. Berlin: Springer International Publishing.

Sun, L., C. H. Li, Y. P. Cai, et al., 2017. Interval optimization model considering terrestrial ecological impacts for water rights transfer from agriculture to industry in Ningxia, China [J]. Scientific Reports, 7 (1): 3465 - 3472.

Takahashi, T., H. Aizaki, Y. Ge, et al., 2013. Agricultural water trade under farmland fragmentation: A simulation analysis of an irrigation district in northwestern China [J]. Agricultural Water Management, 122 (1): 63 - 66.

Takeda, M., 2005. Reallocation of water resources and cost allocation (II) - case study for an agricultural water modernization project in Saitama Prefecture [J]. Water Science, 40 (3): 401 - 410.

Taylor, R. G. and R. A. Young, 2018. Economics of Water Resources [M]. // Rural - to - Urban Water Transfers: Measuring Direct Foregone Benefits of Irrigation Water under Uncertain Water Supplies: Institutions, Instruments and Policies for Managing Scarcity. New York: Routledge.

Tilmant, A., Q. Goor, D. Pinte, 2009. Agricultural - to - hydropower water transfers: sharing water and benefits in hydropower - irrigation systems [J]. Hydrology and Earth System Sciences, 13 (7): 1091 - 1101.

Tisdell, J. G., J. R. Ward, T. Capon, 2004. Impact of communication and information on a complex heterogeneous closed water catchment environment [J]. Water Resources Research, 40 (9): 1 - 8.

Tisdell, J. G., 2011. Water markets in Australia: an experimental analysis of alternative market mechanisms [J]. Australian Journal of Agricultural and Resource Economics, 55 (4): 500 - 517.

Trisurat, Y., A. Aekakkararungroj, H. O. Ma, et al., 2018. Basin - wide impacts of climate change on ecosystem services in the Lower Mekong Basin [J]. Ecological Research, 33 (5): 1 - 14.

Turner, B. L. , R. E. Kasperson, P. A. Matson, et al. , 2003. A framework for vulnerability analysis in sustainability science [J]. Proceedings of the National Academy of Sciences of the United States of America, 100 (14): 8074.

Venkatachalam, L. and K. Balooni, 2017. Water transfer from irrigation tanks for urban use: Can payment for ecosystem services produce efficient outcomes [J]. International Journal of Water Resources Development, 34 (1): 1 - 15.

Wang, J. , Y. Yang, J. Huang, et al. , 2015. Information provision, policy support, and farmers' adaptive responses against drought: An empirical study in the North China Plain [J]. Ecological Modelling, 318: 275 - 282.

Wang, X. , H. Yang, M. Shi, et al. , 2015. Managing stakeholders conflicts for water real- location from agriculture to industry in the Heihe River Basin in northwest China [J]. Sci- ence of The Total Environment (505): 823 - 832.

Wang, Y. H. , 2018. Assessing Water Rights in China [M]. Singapore: Springer Singa- pore.

Ward, F. A. and P. V. Manuel, 2008. Efficiency, equity, and sustainability in a water quan- tity - quality optimization model in the Rio Grande basin [J]. Ecological Economics, 66 (1): 23 - 37.

William, H. G. , 2011. Econometric Analysis [M]. 7th Edition. Upper Saddle River: Pren- tice Hall.

Wooldridge, J. M. , 2000. A framework for estimating dynamic, unobserved effects panel data models with possible feedback to future explanatory variables [J]. Economics Let- ters, 68 (3): 245 - 250.

Wu, J. J. and J. L. Yu, 2017. Efficiency - equity tradeoffs in targeting payments for ecosystem services [J]. American Journal of Agricultural Economics, 99 (4): 894 - 913.

WWAP (United Nations World Water Assessment Programme) /UN - Water, 2018. The United Nations World Water Development Report 2018: Nature - Based Solutions for Wa- ter [R]. Paris, UNESCO.

Yutaka, M. , H. Nobumasa, S. Soji, 2007. Water transfer from agriculture to urban domes- tic users: A case study of the Tone River Basin, Japan [J]. Paddy and Water Environ- ment, 5 (4): 239 - 246.

Zheng, H. , B. Robinson, Y. Liang, et al. , 2013. Benefits, costs, and livelihood implica- tions of a regional payment for ecosystem service program [J]. Proceedings of the National Academy of Sciences of the United States of America, 110 (41): 16681 - 16686.

Zhou, Y. , Y. L. Zhang, K. C. Abbaspour, et al. , 2009. Economic impacts on farm house- holds due to water reallocation in China's Chaobai watershed [J]. Agricultural Water Man- agement, 96 (5): 883 - 891.

Zilberman, C. D. , 2002. A Model of Investment under Uncertainty: Modern Irrigation Technology and Emerging Markets in Water [J]. American Journal of Agricultural Eco- nomics, 84 (1): 171 - 183.